苗玉芳 李秀梅 主编

园林花奇与树林

育苗新技术

化学工业出版社

·北京·

内 容 提 要

　　《园林花卉与树木育苗新技术》以丰富的图片和通俗易懂的语言文字介绍了苗木播种与繁育的基础知识、苗木扦插与嫁接等繁育新技术、大苗培育技术、现代新技术育苗、常绿花木树种的育苗技术、落叶花木树种的育苗技术和藤本树种的育苗技术。

　　本书内容实用、可操作性强，适合花木技术人员、苗圃管理者阅读和参考，还可作为各职业技能鉴定所的培训用书和各高职院校师生教学和实习指导用书。

图书在版编目（CIP）数据

园林花卉与树木育苗新技术/苗玉芳，李秀梅主编. —北京：
化学工业出版社，2020.8
　ISBN 978-7-122-36729-7

　Ⅰ.①园…　Ⅱ.①苗…②李…　Ⅲ.①花卉 - 观赏园艺②园
林树木 - 育苗　Ⅳ.①S68

中国版本图书馆 CIP 数据核字（2020）第 078055 号

责任编辑：黄　滢　　　　　　　　　　　　　文字编辑：温月仙　陈小滔
责任校对：王佳伟　　　　　　　　　　　　　装帧设计：刘丽华

出版发行：化学工业出版社（北京市东城区青年湖南街13号　邮政编码100011）
印　　刷：北京京华铭诚工贸有限公司
装　　订：三河市振勇印装有限公司
787mm×1092mm　1/16　印张14½　字数358千字　2020年8月北京第1版第1次印刷

购书咨询：010-64518888　　　　　　　　　　售后服务：010-64518899
网　　址：http://www.cip.com.cn
凡购买本书，如有缺损质量问题，本社销售中心负责调换。

定　　价：69.00元　　　　　　　　　　　　　　　　　　版权所有　违者必究

随着我国国民经济的快速发展和人民生活水平的日益提高，人们环保意识逐渐增强，对生活环境的要求也不断提高，随之而来的是花木生产行业的迅猛发展。花木播种、栽培与繁育是门学问，要充分了解各种花卉和树木的习性，这样才能做到科学合理地栽培和养护。而园林绿化工作的主体是园林植物，其中又以园林树木所占比重最大。做好所有绿地树木的养护管理，使其苗壮生长，是发挥绿化效益、提高城市绿化水平、巩固绿化成果的关键。

另一方面，近年来，随着城市绿化工程的快速推进，绿化苗木的需求与日俱增，越来越多的人开始选择从事园林苗圃工作。而培育优良的绿化苗木是确保城市绿化质量的重要条件，因此，有专业知识的经营者和技术工人是优质苗木生产的保证。

鉴于此，化学工业出版社组织编写了本书。

本书共分七章，主要介绍了苗木播种与繁育基础知识、苗木扦插与嫁接等繁育新技术、大苗培育技术、现代新技术育苗、常绿花木树种的育苗技术、落叶花木树种的育苗技术和藤本树种的育苗技术。

书中应用了大量图片，图文并茂，直观实用，以期为园林工作者提供详尽的操作指南。

本书由苗玉芳、李秀梅主编，郑志新、金亚征、刘社平、吕宏立、冯莎莎、贾志国、张向东、纪春明参编。书中图片大部分为笔者拍摄和绘制，部分选自文献，在此对各种资料的提供者表示由衷的感谢。本书的编写过程中，得到了河北北方学院园艺系贾志国老师的协助，在此表示衷心感谢。同时对关心、支持本书编写的同志表示诚挚的感谢。

由于编写仓促，书中疏漏和不足之处在所难免，恳请广大读者批评指正，提出宝贵意见。

编　者

目 录

>>> 　第三章　大苗培育技术

>>> 　第四章　现代新技术育苗

>>> 第五章　常绿花木树种的育苗技术

>>> 第六章　落叶花木树种的育苗技术

>>> 第七章　藤本树种的育苗技术

第一章

苗木播种与繁育

第一节　种子的类型、采集和处理

一、种子的类型

（1）按粒径大小（以长轴为准），种子可分为以下五类：

① 超大种实，粒径10.0毫米以上，如桃、杧果、荷花、大丽花等；

② 大粒种实，粒径5.0～10.0毫米，如牵牛、牡丹、紫茉莉等；

③ 中粒种实，粒径2.0～5.0毫米，如紫罗兰、矢车菊、金盏菊、落葵、仙客来、合欢等；

④ 小粒种实，粒径1.0～2.0毫米，如三色堇、千日红、含羞草、香石竹、美女樱、翠菊等；

⑤ 微粒种实，粒径1.0毫米以下，如四季秋海棠、金鱼草、石竹、瓜叶菊等（图1-1）。

(a) 杧果　　(b) 荷花

(c) 茉莉　　(d) 合欢　　(e) 牡丹

(f) 石竹　　(g) 含羞草

图1-1　不同粒径种子

（2）按形状种子可分为：球形、卵形、披针形、耳形、椭圆形、肾形、镰刀形、长圆形等（图1-2）。

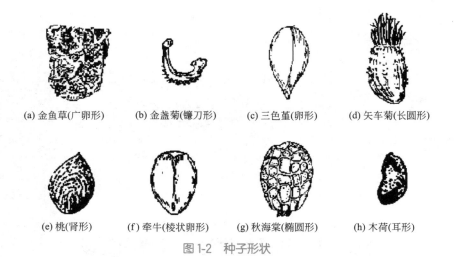

(a) 金鱼草(广卵形)　　(b) 金盏菊(镰刀形)　　(c) 三色堇(卵形)　　(d) 矢车菊(长圆形)

(e) 桃(肾形)　　(f) 牵牛(棱状卵形)　　(g) 秋海棠(椭圆形)　　(h) 木荷(耳形)

图1-2　种子形状

二、种子的采集

（一）种子的成熟

（1）种子成熟的过程。种子在成熟过程中，其内部总发生一系列复杂的生物化学变化，干物质在种子内部不断地积累，各有机质的矿质元素从茎、叶流入种子，以糖、脂肪和蛋白质的形态贮存在种子内部。种子发育初期，内部充满液体，由于贮藏物质不断积累，这种液体逐渐混浊而成为乳状。以后水分继续减少，不断浓缩，最后种子内部几乎全被硬化的合成产物所充满。

种子的成熟过程在物理性状上，常常表现为绝对重量的增加和含水量的下降，且种子充实饱满，种皮组织硬化，透性降低；在外观形态上，随树种呈现出不同的颜色和光泽；在生理上，则表现为种胚有了发芽能力。

（2）种子生理成熟和形态成熟。种子的成熟过程非常复杂，真正的成熟包括两个方面：生理成熟和形态成熟。

① 生理成熟。种胚发育到具有发芽能力时称为生理成熟。这个时期的特点是：含水量高，种子内营养物质仍在不断积累，营养物质处于易溶状态，种皮不致密，保护性能差，易感染病。采后易收缩而干瘪，不易保存，很容易丧失发芽力。因此，仅生理成熟的种子不宜采收。

② 形态成熟。种子的外部形态呈现出成熟特征时称为形态成熟。这个时期的特点是：含水量低，种子内部营养物质积累结束，营养物质由易溶变为难溶状态，种皮坚硬致密，有光泽，抗病能力强，种子呼吸作用微弱，耐贮藏。一般种子适宜在这个时期采集。

（二）种子采收时期

采种期适宜与否对种子的质量影响很大。采收过早，种子未发育成熟；采收过晚，对于易飞散的种子难以采到，不易飞散的种子易遭鸟、虫害等，影响质量，因此必须确定适宜的采种期。采种期应以成熟期、脱落期、脱落方式及其他来确定，适时采种，保证质量。种子进入形态成熟期后，种实逐渐脱落，不同树种脱落的方式不同，采种期亦不同。

（1）种子成熟后，果实开裂快，种子易脱落，该类种子应在开裂前采种，如杨、柳、榆、桦、茉莉、山茱萸、白榆等（图1-3）。

(a) 白榆

(b) 山茱萸

图1-3 果实易开裂的种子

（2）种子成熟后，果实虽不马上开裂，但种粒较小，一经脱落不好收集，如桉树、冷杉类、云杉类、湿地松、樟子松等，因此该类种子应在种子脱落前采种（图1-4）。

(a) 桉树

(b) 冷杉

(c) 湿地松

(d) 樟子松

图1-4 果实成熟后不马上开裂，但种粒较小的种子

（3）种子成熟后，在母株上长期不开裂，如国槐、合欢、苦楝、悬铃木、女贞、香樟、楠木等，该类种子可以延迟采种（图1-5）。

(a) 女贞

(b) 香樟

(c) 悬铃木

图1-5   果实成熟后在母株上长期不开裂的种子

（三）采种方法

1. 草本花卉种子的采收方法

① 摘取法。一些草本种子开花期长，不断开花不断结实，这类花卉的种子采收可分批进行，随熟随采。

② 收割法。对成熟期较为一致且成熟后种子不易脱落的草本花卉的种子，通常把整个植株收割后晾晒，再进行脱粒收种，即成批成熟，成批采收。

2. 木本植物种子的采收方法

① 地面收集。一些种实粒大、在成熟后脱落过程中不易被风吹散的树种的种子，可待其脱落后在地面收集，如栎树类、七叶树、核桃、油茶等。

② 立木上采集。可采用各种工具，如采摘刀、高枝剪、采种梳、采种钩等，借助双绳软梯、单绳软梯、绳套、升降机等上树采种（图1-6）。

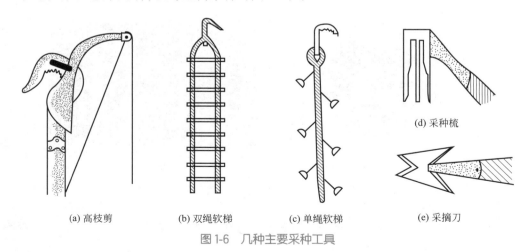

(a) 高枝剪   (b) 双绳软梯   (c) 单绳软梯   (e) 采摘刀

(d) 采种梳

图1-6   几种主要采种工具

三、采后种子的处理

种子处理是指从果实中取出种子，再经过脱粒、干燥、净种、精选、分级等程序，最后获取适合贮藏和播种用的纯净而品质优良的种子的过程。种子采收后要及时进行处理，以保持种子活力。

（一）脱粒及干燥

1. 草本花卉种子的采后处理

① 清洁精选。草本花卉种子籽粒小，重量轻，有的种皮带有茸毛短刺，易黏附或混入菌核、虫卵及杂草种子等有生命杂质和残叶、泥沙等无生命杂质。因此，采收后要进行清洁处理。整株拔回的要晾干后脱粒；连果实一起采收的要去除果皮、果肉及各种附属物。

② 合理干燥。草本花卉种子采收后是需晾晒的，一定要连果壳一起晒，不要将种子置于水泥晒场上或放在金属容器中于阳光下暴晒，否则会影响种子的生命力。可将种子放在帆布、苇席、竹垫上晾晒。有的种子怕光，可采用自然风干法，即将种子置于通风、避雨的室内，使其自然干燥。一般草本花卉种子的安全水分含量为 7% 以下。

2. 木本植物种子的采后处理

果实种类不同，采后处理方法不同。一般原则是，对含水量高的种实，采用阴干法干燥，即放置于通风的阴凉处干燥加工；对含水量低的种实，采用阳干法干燥，即放置在太阳光下晒干加工。具体加工方法，根据种实特点分类叙述如下。

① 干果类。干果类包括蒴果、坚果、翅果、荚果等。该类种实采集后应立即薄薄地（6～8 厘米）摊放在通风背阴的干燥处或预先架好的竹帘上进行干燥，注意经常翻动，以免发热霉烂；或经过人工通风加热法，加热烘干温度一般不能超过 43℃，如果种子相当湿，最高温度不能超过 32℃。干燥后进行脱粒，脱粒时可用竹条或柳条等抽打，或用手揉搓，或用脱粒机将种子脱出。

② 肉质果类。这类果实，果皮多呈肉质，含有较高的果胶和糖类，很容易发酵腐烂，采集后必须及时处理，否则会降低种子品质。果实黄熟或红熟后摘下，浸泡在水中，等果实软化后用木棍捣烂果皮，然后用水淘洗，取出种子。肉质种子脱出后，有些树种，如檫树种子，往往在种皮上附一层油脂，使种子互相黏着，容易霉烂，可用碱水或洗衣粉水浸泡半小时后用草木灰脱脂，再用清水冲洗干净阴干。

③ 球果类。如松属、杉属、柏属等的球果，采集后可摊放在通风向阳干燥的场院曝晒 5～10 天，待球果鳞片开裂后，再敲打脱粒。马尾松球果富有松脂，一般摊晒开裂很慢，采后可浇洒石灰水堆沤，经 10 天左右再摊开曝晒，干燥后敲打脱拉。除此之外，也可以进行人工加热干燥。

干燥。经过净种后的纯净种子，含水量较高，呼吸作用旺盛，不易贮藏，容易降低种子的活力，所以要及时做好种子的干燥工作。实践证明，经过干燥的种子，不仅能较长时间地保持活力，而且对细菌等微生物、昆虫的活动也有一定的抑制作用。干燥可采用自然干燥和人工加热干燥两种方法，但无论采用哪一种方法，都要遵循含水量高的或经水选的种子宜用阴干法干燥，含水量低的用阳干法干燥。种子干燥可直接使用干燥机（图1-7）。

图 1-7　种子干燥机

（二）净种

净种是指种子脱粒后，进行空瘪种子、病粒种子、破损种子及夹杂物等的清除；分级是将净种后的同一批种子，按大小、轻重再进行分类，一般分为大、中、小三级，以便种苗后期生长较为一致，便于管理。净种的主要方法如下。

（1）筛选。应用不同孔径的筛子进行筛选或电动筛选机筛选（图1-8）。

电动筛选机　　　　种子选筛

图 1-8　种子筛选机

（2）粒选。采用人工逐粒挑选或机械粒选机（图1-9）挑选，这种方法较为精准。

（3）风选。利用自然、人工风力或分选机（图1-10），扬去与饱满种子重量不同的不符合要求的种子或夹杂物。

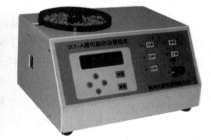

图 1-9　种子粒选机　　　　　　　　　　　　图 1-10　种子分选机

（4）水选。利用饱满种子与夹杂物或不符合要求种子在水中相对密度的不同，将种子浸入水、盐水或硫酸铜等溶液中，饱满种子下沉后，清除漂浮在液面的不符合要求的种子或夹杂物。注意水选后的种子要及时阴干。

第二节　种子的品质检验

一、种子的净度

种子净度也叫清洁度，用纯净种子的质量占供检样品总质量的百分率表示。净度是种子品质的重要指标之一，是种子分级的重要依据。种子净度的测定通常把种子分为三个部分：纯净种子、废种子、夹杂物。

1. 区分纯净种子、废种子和夹杂物三种成分的标准

（1）纯净种子。完整无损、发育正常的种子；种子发育不完全和不能识别出的空粒；虽种皮破裂或外壳具有裂缝但仍有发芽能力的种子。

（2）废种子。能明显识别的空粒、腐坏粒、已萌芽的显然丧失发芽能力的种子；严重损伤的种子和无种皮的颗粒种子。

（3）夹杂物。其他植物的种子；叶子、鳞片、苞片、果皮、种翅、种子碎片、土块和其他杂质；昆虫的卵块、成虫、幼虫和蛹。

2. 种子净度的计算

测定种子净度时，首先从送检样品中按照四分法（图 1-11）或分样器（图 1-12）分样方法分取净度试验样品，数量为送检样品量的 1/2。分别精确称量纯净种子、废种子、夹杂物的质量，样品称重要保证精度，净度测定的试验样品称重要求精度见表 1-1。根据净度公式计算种子的净度。

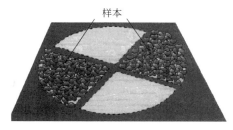

图 1-11　种子四分法

（a）横格式分样器

（b）离心式分样器

图 1-12　种子分样器

净度（%）=纯净种子的质量/（纯净种子的质量＋废种子的质量＋夹杂物的质量）×100

表 1-1　净度测定试验样品的称重精度

净度试验样品 / 克	精度 / 克
< 10	0.001
10 ～ 100	0.01
> 100 ～ 1000	0.1
> 1000	1

二、种子质量的测定

种子的质量通常用千粒重表示。千粒重就是指种子在气干状态下1000粒种子的质量。千粒重、百粒重越大表明种子饱满度越高，营养物质含量越高，出苗越整齐。目前生产商对种子质量的测定主要是采用千粒法。

千粒法是从净度测定所得的纯净种子中不加选择地数出1000粒种子，共数两组，分别称重。称重精度与净度测量相同。称重后计算两组的平均质量，当两组质量之差没有超过两组平均质量的5%时，则两组试样的平均质量即为该批种子的千粒重。两组试样质量之差超过容许误差时，应再取第三组试样称重，取差距小的两组计算千粒重。

例如，月季花种子第一组的千粒重为35.8克，第二组试样的千粒重为35.3克，则两组试样平均千粒重的5%为(35.8+35.3)/2×5%=1.8克。而两组试样样品千粒重差为35.8-35.3=0.5克，未超过两组试样平均千粒重的5%，故该批种子千粒重为(35.8+35.3)/2=35.6克。

如果纯净种子的数量少于1000粒，则可将全部种子称重，换算成千粒重。称重精度与净度测量相同。

三、种子的发芽力

种子发芽力是指种子在适宜的条件下发芽并长出幼苗的能力（图1-13），通常用发芽势和发芽率表示。种子发芽势是指在规定日期内（一般为日发芽粒数达最高的日期）正常发芽种子数占供检种子总数的百分率。如100粒菊花种子在规定的10天中有40粒发芽，则发芽势为40%。种子发芽势高，表示种子生活力强，发芽整齐，出苗一致。种子发芽率是指发芽测定终期，在规定日期（规定的发芽终止期）内正常发芽种子数占供检种子数的百分率。如100粒菊花种子，发芽终止期15天中有95粒种子发芽，则种子的发芽率为95%。种子的发芽率高，说明种子饱满，整齐度高，种胚发育良好，种子生活力高。种子发芽可在种子发芽箱内进行（图1-14）。

图1-13 种子发芽过程

图1-14 种子发芽箱

第三节　播种前种子的处理

一、种子的贮藏

种子采收处理完以后，有些花木的种子采后可立即播种，但大多数花木的种子都是秋季成熟，冬季贮藏，第二年播种，还有些种子作为种质资源需要保存多年后播种，但都必须在种子寿命年限内保存。种子的寿命是指在一定环境条件下，种子从完全成熟到丧失生活力所经历的时间。种子群体的寿命即种子的半活期，是指种子从收获到半数种子存活所经历的时间。种子的寿命因植物种类的不同而不同，可以是几个小时、几天、几个星期，也可以长达很多年。如柳树种子的寿命极短，成熟后只在12小时以内有发芽能力；杨树种子的寿命一般不超过几个星期。大多数花木种子的寿命在一般的贮藏条件下为1～3年，如福禄考、美女樱、地肤、五色梅等种子的寿命为1～2年。

（一）影响种子寿命的因素

1. 种子的内在因素

（1）遗传性。不同种类的花木种子由于其自身遗传特性的不同，种子寿命也存在差异。通常认为脂肪、蛋白质含量高的种子，种子的生活力较强，寿命较长，如松类（图1-15）；而淀粉含量高的种子生活力较弱，寿命较短，如栎类（图1-16）。

图1-15　油松种子

(a) 蒙古栎

(b) 栓皮栎

图1-16　栎类种子

（2）种子含水量。种子的含水量与种子的寿命密切相关，含水量的高低直接影响种子呼吸作用的强度。种子含水量低，种子内的水分通常处于结合态，几乎不参与新陈代谢作用，种子内部呼吸代谢缓慢，酶钝化，营养物质消耗少，种子抗低温能力强，不易发热腐烂，有利于保持种子的活力；种子自身含水量高，种子内水分处于自由态，酶活性增强，呼吸作用加强，自身产生大量的热量，营养物质消耗多，容易导致种子丧失生活力。一般情况下，当种子的含水量在30%以上时，非休眠种子即可发芽。当种子的含水量在15%～30%时，种子丧失生活力和萌发力的速度加快。含水量在15%以下时，有利于种子的长期保存。种子含水量并不是越低越好，即不能低于该种子的安全含水量，如果低于安全含水量，种子内的膜系统会受到严重的损伤。不同种类的花木，其种子的安全含水量不同。

（3）种子成熟度。种子成熟度也与种子的生活力有关。尚未成熟的种子，种皮薄，不致密，保护性能差，内部贮存的营养物质还呈溶胶状态，容易被微生物感染霉烂。另外，未成熟种子含水量高，呼吸作用旺盛，种子生活力不易保存。种子受机械损伤后，失去种皮保护，易受微生物感染，也容易丧失生活力。

2. 种子的贮藏环境

（1）温度。温度与种子的寿命也密切相关，随着环境温度的升高，种子的代谢活动加快，种子的贮藏寿命随之缩短。种子含水量一定，温度越低，种子保持活力的时间越长。充分干燥的种子，在低于0℃的低温条件下，种子不会受到伤害。但含水量高的种子在0℃以下的低温中贮藏，种子内水分会结冰，发生生理失水而死亡。对大多数花木来说，贮藏的适宜温度是0～5℃。

（2）环境湿度。因为种子具有一定的吸湿能力，空气相对湿度的高低会影响种子的含水量。通常种子贮藏适宜的相对湿度为25%～60%。

（3）通气条件。降低贮藏环境中氧气的含量，增加二氧化碳或氮气的含量，能够降低种子的呼吸作用，降低能量的消耗，延长种子的寿命。但通气条件的好坏与贮藏环境中的温度、湿度密切相关。在高温高湿的条件下，种子呼吸作用很强，释放出水汽和热量，又被种子吸收，种子呼吸作用又进一步加强，释放大量的二氧化碳气体和水，如果通气不良，会导致种子由于缺氧而进行无氧呼吸，产生大量有毒物质而使种子遭受毒害，发霉腐烂而丧失生活力。因此，种子的贮藏要有良好的通气条件，才能保持种子的生活力。

（二）种子贮藏的方法

1. 干藏法

将充分干燥的种子置于干燥环境下贮藏，称为干藏。该方法主要适用于安全含水量低的种子。干藏法又分为普通干藏法和密封干燥法。

（1）普通干藏法。该方法是将种子贮藏在干燥的环境中。凡是安全含水量低、在自然条件下不会很快失去发芽力的种子，均可用本法。本法适合大多数针叶树、白蜡树类、械树类、楝树、槐树、刺槐、合欢、金合欢、相思树、黑荆等的种子。但容易失去发芽力的种子如杨树、柳树、榆树、桦木、旱冬瓜、桉树等，不可用本法。

其具体方法是将经适当干燥、安全含水量已达到贮藏要求的种子装入布袋、麻袋、桶、箱、缸等内。若屋内湿度较高，可在屋四角堆放生石灰。贮藏期间要定期检查，如发现种子发热、潮湿、发霉，应立即采取通风、干燥、摊晾和翻倒仓库等有效措施。

（2）密封干燥法。该方法是使种子在贮藏期间与外界隔绝，不受外界空气湿度变化的影响，这样，种子保持生命力的时间较长。凡安全含水量低的种子，用本法贮藏的效果都很好。

其具体方法是将种子装入不通气的容器中，密封容器口，将容器放入温度较低的环境中。为了防止种子含水量升高，可在密封容器里放入干燥剂。干燥剂有变色硅胶、氯化钙、木炭等。干燥剂的用量一般为：变色硅胶，约为种子质量的 10%；氯化钙，为种子质量的 1%～5%；木炭，为种子质量的 20%～50%。

2. 湿藏法

湿藏是将种子贮藏在湿润、适度低温和通气的环境中，在贮藏期间使种子经常保持湿润状态。本法适用于安全含水量高的种子，如栎类、板栗、榛子、水青冈、油桐、胡桃、七叶树、檫树、楠木、樟树、榉树、油茶、厚朴、油棕和银杏等的种子。湿藏法的温度应控制在 0℃，最高不超过 5℃。如果种子含水量高且贮藏温度也高，易使种子发霉变质，失去生命力。湿藏法又分为坑藏和堆藏。

（1）坑藏。坑藏是选择地势高、土壤较疏松、排水良好、背阴、背风和管理方便的地方挖沟或挖坑贮藏。沟（坑）宽 1～1.5 米，长度因种子数量而定，深度要求将种子放在土壤解冻层以下或附近、地下水位以上，沟内能经常保持所要求的温度，一般为 1 米左右。在沟底放厚度为 10～15 厘米的石子或其他排水物。例如在沟底铺一些石子，上面加些粗沙，再铺 3～4 厘米厚的湿沙，然后，按种子与沙 1：3 的比例堆放种子。大粒种子宜分层放置，即一层种子一层湿沙，相互交替堆放，当种子堆到离地面 20～40 厘米时，其上覆以湿沙，沙的湿度约为饱和含水量的 60%，再加土堆成屋脊形。在贮藏坑中央从坑底竖立秫秸束或空竹筒，以便通气（通气口要高出坑顶 20 厘米）。为控制坑内温度，坑上宜覆土，厚度应根据气候条件而定。为了防止坑内积水或湿度太大，在坑周围应挖排水沟。在贮藏期间要经常检查种沙混合物的温度和湿度（图 1-17）。

（2）堆藏。堆藏主要在室内进行。室内堆藏要选择干燥、通风、阳光直射不到的屋子、地下室、种子库或地窖。其具体做法是先在地面上洒水，再铺 10 厘米的湿沙，然后将种子与湿沙按 1：3 的容积比混合或种沙交替放置。对于中、小粒种子将种沙混合堆放，堆至 50 厘米高，再用湿沙封上，或用塑料薄膜蒙盖。种子堆内每隔 100 厘米放 1 束秸秆，以便保持良好的通气环境。

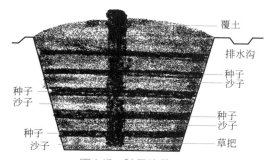

图 1-17　种子坑藏

二、种子的休眠与催芽

种子的休眠和萌发是种子生命过程中两个极为重要的阶段。

（一）种子的休眠

1. 种子休眠的类型

种子的休眠是指种子具有活力而处于不发芽的状态。一般说来，种子休眠的类型有生理休眠和强迫休眠。强迫休眠指种子已具备发芽能力，但其发芽所需的基本条件未得到满足（如成熟种子的含水量低或遇极端温度等）而被迫不能萌发的休眠；生理休眠与种子本身的特性有关，因植物种类和胁迫条件而异，引起生理休眠的原因有外部（源）、内部（源）和内外部三类。

2. 引起种子休眠的原因

（1）种胚未成熟。一种情况是胚尚未完成发育，如银杏种子成熟后从树上掉下时还未受精，等到外果皮腐烂、吸水、氧气进入后，种子里的生殖细胞分裂，释放出精子后才受精。兰花、人参、冬青、当归、白蜡树等的种胚体积都很小，结构不完善，必须要经过一段时间的继续发育，才达到可萌发状态。

（2）胚乳未完成后熟。种胚已成熟，但胚部缺少萌发时所需的营养物质，如分解贮藏物质的水解酶、呼吸作用所需的氧化酶等尚处在钝化状态。一般果树、林木种子须经层积处理（即后熟处理），使种子的吸水力、呼吸作用、酶促作用等增强，生长刺激素增加，抑制物质降低后才能萌发。

（3）种皮的限制。有些植物的种子有坚厚的种皮、果皮，或上附有致密的蜡质和角质，这类种子往往由于种壳的机械压制或由于种（果）皮不透水、不透气阻碍胚的生长而呈现休眠，如豆科、锦葵科、藜科、樟科、百合科等植物的种子。

（4）发芽抑制物的存在。有些种子不能萌发是由于种子内有萌发抑制物质的存在。这类抑制物多数是一些低分子量的有机物，如具挥发性的氰氢酸、氨、乙烯、芥子油；醛类化合物中的柠檬醛、肉桂醛；酚类化合物中的水杨酸、没食子酸；生物碱中的咖啡碱、古柯碱；不饱和内酯类中的香豆素、花楸酸以及脱落酸等。这些物质存在于果肉（苹果、梨、番茄、西瓜、甜瓜）、种皮（苍耳、甘蓝、大麦、燕麦）、果皮（酸橙）、胚乳（鸢尾、莴苣）、子叶（菜豆）等处，能使其内部的种子潜伏不动。

（5）不适宜环境的影响。原来没有休眠的或已经通过休眠的种子，若遇到不适宜的水分、温度、气体、化学物质等条件，会无法萌发而再度休眠。如菊科种子因二氧化碳浓度过高或缺少氧气而再度休眠。

（二）种子的催芽

1. 水浸催芽

一些种子因具有硬种皮、蜡质层不能吸水膨胀或休眠期长等，在自然条件下，发芽持续的时间很长。水浸催芽是将种子浸泡到水中，硬种子经水浸泡后会膨胀，水可以帮助种子打破休眠状态，软化种皮和刺激发芽，加速贮藏物质的转化和利用以利于发芽。浸种所需水的温度及浸种时间的长短因种子不同而异。浸种主要分为冷水、温水或热水浸种三种类型：①冷水浸种，对于一些种皮较薄、种子含水量较低的种子采用冷水浸种，水温 $0 \sim 30℃$，浸种 $24 \sim 48$ 小时，如侧柏、水杉、悬铃木、杨、柳、溲疏、锦带花等；②温水浸种，水温 $40 \sim 60℃$，浸种 $6 \sim 24$ 小时，适合的种子有紫荆、珍珠梅、油松、枫杨、白蜡、侧柏、杉木、臭椿、木麻黄、紫荆、紫穗槐、卫矛等；③热水浸种，水温 $70 \sim 90℃$，浸种 24 小时，热水浸种的种子种皮坚韧致密、带油脂不易透水，如刺槐、皂荚、相思树、合欢、紫藤、乌桕等。

水温对种子的影响与种子和水的比例有关。一般要求种子与水的体积比为 $1 : 3$。

2. 低温层积处理

低温层积处理是将种子和沙分层堆积，在低温环境下（0～5℃）进行，或叫作低温层积催芽。具体方法是：在晚秋选择地势较高、排水良好、背风向阳处挖坑，坑深在地下水位以上，冻层以下，宽1.0～1.5米，坑长视种子数量而定。在坑底放石子、石砾等有利于排水物，一般10～20厘米厚，或铺一层石子，上面加些粗沙，再铺10厘米的湿沙。坑中每隔1.0～1.5米插一束草把，以便通气。在层积以前要进行种子消毒，然后将种子与湿沙混合，放入坑内，种子和沙体积比为1∶3，或一层种子一层沙子交错层积。沙子湿度以手握成团不出水，松手触之即散开为宜，种子堆到离地面10～20厘米时为止。需低温层积的常见花木种类有：银杏、落羽杉、枫杨、忍冬、马褂木、桃、梅、杏、蜡梅、白玉兰、海棠、白蜡、朴树、核桃、紫穗槐、女贞等，层积时间一般1～6个月（图1-18）。

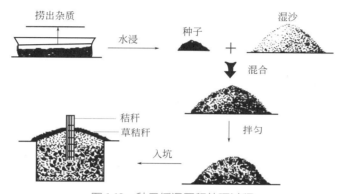

图1-18　种子低温层积处理过程

3. 变温层积处理

变温层积处理是用高温和低温交替进行层积催芽的方法，即先用高温（15～25℃）后用低温（0～5℃），必要时再用高温进行短时间的催芽。如水曲柳、山楂、圆柏、红松、榛子、黄栌等植物的种子，可采用此方法催芽。红松的种子需先25℃的高温与湿沙混合层积处理1～2个月，再在低温2～5℃中处理2～3个月才能打破休眠，完成催芽处理。

4. 机械损伤处理

该方法适用于有坚硬种皮的种子。具体做法为用锉刀、剪刀、小刀、砂纸等手工擦伤工具或用机械擦伤器处理大量种子，更为简便而有效的方法是用粗沙和种子以3∶1的比例混合后轻碾，可以使种皮破裂，增强种子通气和透水性。

5. 药剂处理

用化学药剂（小苏打、浓硫酸、氢氧化钠、双氧水等）、微量元素（硫酸锰、硫酸亚铁、硫酸铜等）和植物生长刺激素（赤霉素、萘乙酸等）等溶液浸种，用以解除种子休眠、促进种子萌发的方法，称为药剂浸种催芽。如樟子松、鱼鳞云杉和红皮云杉，把它们的种子浸在100微升/升的赤霉素溶液中一昼夜，不仅可提高发芽势和发芽率，还会促进种苗初期的生长。

6. 光照处理

需光性种子种类很多，对光照的要求也很不一样。有些种子一次性感光就能萌发，如泡桐浸种后给予 1000 勒克斯光照 10 分钟能诱发 30% 种子萌发，8 小时光照萌发率达 80%。有些则需经 7 ～ 10 天，每天 5 ～ 10 小时的光周期诱导才能萌发，如团花、榕树等。

第四节　播　种

一、播种时间

园林植物的播种时间要根据各种花卉的生长发育特性，花卉对环境的不同要求，计划供花时间，当地环境条件以及栽培设施而定。在自然条件下播种，其播种时间主要按下列原则处理。

1. 春季播种

一年生花卉和大多数木本植物多在春季播种，一般北方在 4 月上旬至 5 月上旬，中原一带则在 3 月上旬至 4 月上旬，华南多在 2 月下旬至 3 月上旬播种。春播在土壤解冻后进行，在不受晚霜危害的前提下尽量早播，可延长苗木的生长期，增加苗木的抗性。

2. 秋季播种

二年生草花和部分木本植物一般是在立秋以后播种，北方多在 9 月上中旬，南方多在 9 月中下旬和 10 月上旬播种。多年生花卉中，原产温带的落叶木本花卉可在秋末露地播种，在冬季低温、湿润条件下起到层积作用，打破休眠，次年春天即可发芽。秋播可使种子在栽培地通过休眠期，完成播种前的催芽阶段，翌春幼苗出土早而整齐，延长苗木的生长期，幼苗生长健壮，成苗率高，增加抗寒能力。

3. 春季播种或秋季播种

仙人掌类及多肉植物的种子一般在 21 ～ 27℃下发芽率较高，在春季和秋季播种最好，这时昼夜温差较大，出苗比较整齐，出苗后的幼苗生长也较快。大部分草坪植物可初春播种也可以秋天播种，在北方 4 ～ 9 月，南方 3 ～ 11 月均可播种，一般以秋季播种为佳。

4. 随采随播

含水量大、寿命短、不耐贮藏的植物种子应随采随播，如柳树、榆树、蜡梅等的种子。

5. 周年播种

一些温室花卉，只要温度、湿度调控适宜，一年四季随时都可以进行播种。

二、播种方法

1. 撒播

将种子均匀地抛撒于整好的苗床上，上面覆 0.5 ～ 1 厘米厚的细土，撒播主要适用于种子细小的植物种类，如金鱼草、鸡冠花、一串红、悬铃木、玉兰、四季海棠等（图 1-19）。

图 1-19　撒播

2. 条播

条播是按一定的株行距开沟，沟深 1 ~ 1.5 厘米，将种子均匀地撒到沟内，覆土厚度 1 ~ 3 厘米，它适合于中粒或小粒种子的播种，如海棠、鹅掌楸、月季、金盏菊、紫罗兰、矢车菊、三色堇等（图 1-20）。

图 1-20　条播

3. 穴播或点播

按一定的行距开沟或等距离开穴，将 1 ~ 2 粒种子按一定株距点到沟内或点入穴中，覆土厚度 3 ~ 5 厘米，它适合于大粒或超大粒种子的播种，如银杏、核桃、板栗、桂圆、紫茉莉等（图 1-21）。

图 1-21　穴播或点播

三、播种密度与播种量计算

1. 播种密度

播种密度是指单位面积苗床上生长的秧苗株数，常用株每平方米来表示。播种密度的大小主要取决于种子的大小、发芽率、苗床土温、秧苗生长速度及生长量、秧苗在播种床上保留的时间等。如果苗床土温高、发芽率高或分苗晚，则播种密度要适当小些，如果发芽率低、分苗早、温度低，则播种密度可适当增加。总的原则应该是，在移苗或定植前秧苗要有足够的生长空间，相互之间不拥挤。一般一年生播种苗密度为 150 ～ 300 株 / 米^2；速生针叶树可达 600 株 / 米^2；一年生阔叶树播种苗、大粒种子或速生树为 25 ～ 120 株 / 米^2，生长速度中等的树种为 60 ～ 160 株 / 米^2。

2. 播种量

播种量是指单位面积上（或单位长度上）播种种子的质量。播种量的大小要依据计划育苗的数量、种子的千粒重大小、种子发芽势及秧苗的损耗系数来确定。可用下列公式进行计算：

$$X=(1+C)AW/1000^2PG$$

式中　X——单位面积（或长度）实际所需的播种量，千克；

　　　A——单位面积（或长度）的计划育苗数，株；

　　　W——种子千粒重，克；

　　　P——种子净度；

　　　G——种子发芽势；

　　　C——损耗系数。

四、播种技术

（一）播种前种子的预处理

1. 种子精选

种子小的采用风选或筛选；种子重的可用水选；种子大的可粒选。

2. 种子消毒处理

在进行种子催芽和其他处理之前要先进行种子消毒，如果催芽时间长，在催芽后播种前最好再消毒一次，但胚根已突破种皮的种子，避免再用高锰酸钾、福尔马林等药剂消毒，以免伤害胚根。常用的种子消毒方法有以下几种。

（1）福尔马林。浸种后用0.15%的福尔马林溶液消毒15 ～ 30分钟，取出后密闭2小时，冲洗后阴干。

（2）高锰酸钾。用0.5%的高锰酸钾溶液浸种2小时，冲洗后阴干。

（3）硫酸亚铁。用0.5% ～ 1%的溶液浸种2小时，冲洗后阴干。

（4）硫酸铜。用0.3% ～ 1%的溶液浸种4 ～ 6小时，冲洗后阴干。

（二）播种床的准备

1. 整地、做床

播种前要进行翻地、耙地等，使苗床土壤松软、平整，改善苗床土壤的水、肥、气、热等条件。根据要求做床，苗床可分为三类：高床（床面高于步道15～25厘米）、低床（床面低于步道10～15厘米）、平床（床面略高于或略低于步道）（图1-22）。南方多采用高床，北方多采用低床或平床。

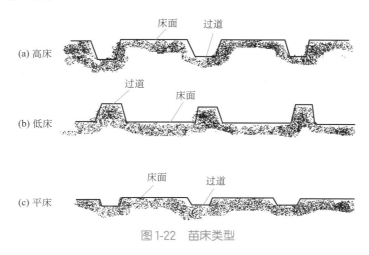

图 1-22　苗床类型

2. 土壤消毒

常用的土壤消毒方法如下。

（1）福尔马林。采用工业甲醛，用量为每平方米50毫升，稀释100～200倍后于播种前1～2周洒在播种地上，并用塑料布覆盖3～5天。

（2）硫酸亚铁。通常每公顷用量为200～300千克，可与基肥混拌施用或制成药土施用，也可配成2%～3%的水溶液喷洒于播种地。

（3）五氯硝基苯。75%的五氯硝基苯用量为3～5克/米²，拌成药土撒于土壤中。

（4）代森锌。用量为3～5克/米²，拌成药土撒于土壤中。

（5）五氯硝基苯与代森锌混合液。五氯硝基苯与代森锌（或敌克松）按3∶1混合配制，施用量为3～5克/米²，配成药土撒于土壤或播种沟内。

（三）播种深度

播种深度是指种子播下后覆土的厚度。播种深度通常视植物种类，种子大小及播种时的气候、土壤等环境条件决定。一般来说，种子越小覆土越浅，土壤厚度一般为种子体积的2～3倍。通常小粒种子覆土0.5～1厘米；中粒种子覆土1～3厘米；大粒种子覆土3～5厘米。

播种深度也视土壤湿度、温度、土质等情况而定，如果土壤黏重、底墒足、地温低，应种浅些，过深易造成烂籽或串黄顶不出土，或幼苗黄瘦细弱；如果是沙质土、底墒差、低温，则应适当深些，过浅了容易使种子"落干"而出苗不全，或带皮壳出土，子叶被皮壳夹住不能展开。

播种深度还要考虑子叶出土类型，凡子叶出土的应浅播，子叶留土的可深播些（图 1-23）。

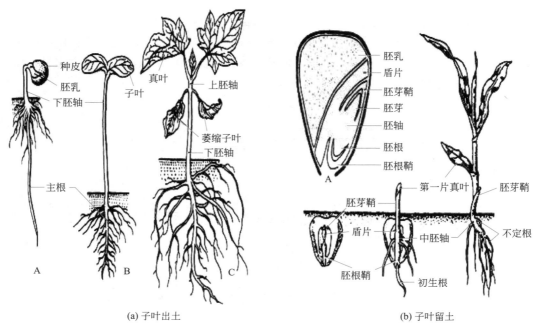

(a) 子叶出土　　　　　　　　　(b) 子叶留土

图 1-23　子叶出土类型

（四）种子的萌发

种子萌发是指种子的胚从相对静止状态变为生理活跃状态，并长成自养生活的幼苗的过程。种子萌发过程可分为吸胀、萌动和发芽。种子萌发要求一定的外界条件，主要为水分、温度、氧气和光照。

1. 水分

水分是种子萌发的首要条件，种子充分吸水膨胀，才能使胚乳细胞内各种酶活性增强，加速营养物质由不溶状态转变为可溶状态，供胚利用，从而使种子尽早萌发出土。一般种子要吸收其本身质量的 25% ～ 50% 或更多的水分才能萌发。因此，土壤在整个苗期都应保持湿润，不能过干，也不能过湿。

2. 温度

不同植物种子萌发都有一定的最适温度。高于或低于最适温度，萌发都受影响。多数种子萌发的最低温度为 0 ～ 5℃，最高温度为 30 ～ 35℃。通常温带植物发芽适温为 10 ～ 20℃；暖温带及亚热带植物发芽适温为 15 ～ 25℃；热带植物发芽适温是 24 ～ 35℃。许多植物种子在昼夜变动的温度下比在恒温条件下更易于萌发。

3. 氧气

种子吸水后呼吸作用增强，需氧量加大。一般作物种子要求其周围空气中含氧量在 10% 以上才能正常萌发。空气含氧量在 5% 以下时大多数种子不能萌发。土壤水分过多或土面板结使土壤空隙减少，通气不良，均会降低土壤空气的含氧量，影响种子萌发。

4. 光照

一般种子萌发对光照要求不严格，无论在黑暗或光照条件下都能正常进行，但有少数植物的种子需要在有光的条件下才能萌发良好，如烟草和莴苣的种子在无光条件下不能萌发，这类种子叫需光种子。还有一些百合科植物、洋葱、番茄、曼陀罗的种子萌发则为光所抑制，这类种子称为嫌光种子。

第五节　播种苗的抚育管理

一、播种苗的生长发育特点

幼苗的年生长特点是：初期生长缓慢，以后生长逐渐加快，中间出现生长高峰，后期生长速度又缓慢，最后停止生长，表现出慢、快、慢的规律性变化。按照苗木不同时期的生长发育特点，将播种苗的年生长过程大致划分为四个时期，即出苗期、生长初期、速生期和生长后期。

1. 出苗期

从种子播种入土开始至幼苗大部分出土，地上部出现真叶，地下部出现侧根，并能独立供给营养时为止，这一时期称为出苗期。该时期主要是为种子发芽和幼苗出土创造良好的环境条件，满足种子发芽所需的水分、温度和通气条件，以便使种子发芽迅速，幼苗出土整齐，生长健壮。为此，必须选择适宜的播种期，做好种子催芽工作，提高播种技术，掌握好覆土厚度，加强播种地管理。

2. 生长初期

从幼苗大部分出土后能独立产生营养时开始，到幼苗的高生长大幅度增长，开始旺盛生长以前，称为生长初期。此时期的育苗工作重点主要是在保证幼苗成活的基础上进行蹲苗，促进其根系的生长，为以后苗木速生丰产打下良好的基础。因此，对于育苗地要加强管理，合理灌溉，及时除草松土，适时间苗，必要时对幼苗适度遮阴及进行病虫害防治。

3. 速生期

从苗木开始旺盛生长、高生长量大幅度上升时起，到苗木高生长大幅度下降时为止。这一时期苗木生长速度最快。此时苗木的生长发育状况基本上决定了苗木的质量，因此，育苗工作的主要任务是加强苗期管理，满足苗木生长所需的水肥等条件，要适时灌水，适量施肥，及时松土除草和防治病虫害。在速生期的后期，应停止追肥和灌溉，适量追施磷、钾肥，防止苗木贪青徒长。

4. 生长后期

从苗木高生长量大幅度下降时开始，到苗木根系生长停止进入休眠落叶为止，称为苗木生长后期。这一时期苗木即将停止生长。此时育苗工作的任务，主要是防止苗木贪青徒长，提高苗木的抗性，增强越冬抗寒能力。因此，这一时期应停止一切促进苗木生长的技术措施，如灌溉、施肥、除草、松土等，适当控制苗木生长，做好苗木越冬防寒的准备工作。

二、留圃苗的生长发育特点

留圃苗是在去年育苗地上继续培育的苗木，它的年生长规律表现在高生长类型和生长发育时期。

1. 留圃苗高生长类型

根据苗木高生长期的长短，可分为前期生长型和全期生长型两种。

（1）前期生长型。该类型的苗木高生长期短，一般在1～3个月，大多数在5～6月份结束高生长。如松属、云杉属、银杏、白蜡等。这类苗木，在早秋，有时由于气温高、水分足、氮肥多等原因，苗木还会出现二次生长，但二次生长的秋生枝，木质化程度差，对低温和干旱的抵抗能力弱。

（2）全期生长型。该类型的苗木高生长期长，持续于整个生长季节，如杨、柳、落叶松、侧柏、圆柏等。一般南方树种为2～8个月，北方树种为3～6个月。全期生长型苗木的生长，在年生长周期中并不是直线上升，高生长一般会出现1～2次暂缓期，速度显著减慢。

2. 留圃苗的年生长发育过程

（1）生长初期。从冬芽膨大时起，到高生长量大幅度上升时为止。这时苗木高生长缓慢，而根系生长较快。这个时期苗木对水肥敏感，应及时追氮肥，灌溉和松土除草。追肥主要在生长初期的前半期。

（2）速生期。从苗木高生长量大幅度上升开始，到苗木高生长量大幅度下降时为止。这个时期苗木地上和地下生长量都很大，前期生长型苗木的速生期短，施肥宜早；全期生长型苗木速生期的后期，不要使用氮肥。

（3）生长后期。从苗木高生长量大幅度下降开始，到根系生长停止为止。在这个时期，前期生长型苗木，高生长很快停止，叶子迅速生长，叶面积增大。这个时期苗木体内含水量降低，干物质增加，以提高抗性。全期生长型苗木这一时期应停止一切促进苗木生长的技术措施，适当控苗，做好苗木越冬防寒的准备工作。

三、苗期管理

1. 覆盖

播种后至种子发芽出土前，对苗床进行覆盖或遮阴，可以保持土壤湿度，调节土温。覆盖的材料可以用稻草、秸秆、木屑等，覆盖厚度以不见土面为宜，种子出苗后覆盖物要及时撤除。

2. 遮阴

有些苗木在出苗去除覆盖物后要适当遮阴，防止幼苗灼伤死亡，如泡桐、桉树、羊蹄甲等。常用的遮阴方法是搭荫棚，每天上午10时左右开始遮阴，下午4～5时打开荫棚，阴雨天不必遮阴（图 1-24）。

上搭荫棚

图 1-24　出苗后搭荫棚

3. 浇水

幼苗期耗水量较少，浇水以少量多次为原则。苗木进入生长期后，气温增高，耗水量增大，应增加喷水次数。

4. 松土与除草

松土除草可以减少土壤水分的蒸发，促进气体交换，给土壤微生物创造适宜的生活条件，提高土壤中有效养分的利用率，减免杂草对土壤水分、养分与苗木的竞争。松土与除草分两个时期进行：苗木出土前的松土除草；苗木出土后的松土除草。

5. 间苗和补苗

在播种过密和出苗不均匀的情况下，出苗之后，为避免光照不足、通风不良，要在过密的地方间苗或疏苗，使苗木密度趋于合理。间苗时间依幼苗密度和幼苗生长速度而定，密度较大、生长速度较快的应早。间苗可以分两次进行，第一次间苗强度大，在苗木生长初期的前期进行，留苗株数比计划产苗量多 40%；10 ～ 20 天后进行第二次间苗，间苗量比计划产苗量多 10% ～ 20%。对于缺苗的地块要及时补苗。

6. 苗木追肥

苗木的不同生长发育时期，对营养元素的需要不同。生长初期需要氮肥和磷肥，速生期需要大量的氮、磷、钾肥和其他一些必需的微量元素。生长后期则以钾肥为主，磷肥为辅，忌施氮肥。追肥要掌握"由稀到浓，量少次多，适时适量，分期巧施"的技术要领。在整个苗木生长期内，一般可追肥 2 ～ 6 次，第一次在幼苗出土 1 个月左右开始，最后一次追肥，要在苗木停止生长前一个月结束。

7. 越冬保苗

常见苗木寒害现象：因严寒使苗木体内水分结冰，致使组织受伤苗木死亡；由于冬春季节干旱多风，天气寒冷，苗木地上部分蒸腾失水，而根系由于土壤冻结，无法吸收水分，导致苗木体内失去水分平衡而发生生理干旱，枝梢抽条干枯死亡。常用的苗木防寒措施有以下几种。

（1）土埋法。土埋法几乎能防止各种寒害现象的发生，尤其对防止苗木生理干旱效果显著。因此是北方越冬保苗最好的方法，适合大多数苗木。具体方法是在苗木进入休眠、土壤结冻前，从步道或垄沟取土埋苗 3 ～ 10 厘米，较高的苗木可卧倒埋。翌春在起苗时或苗木开始生长之前分两次撤除覆土。

（2）覆草。给苗木覆草可降低苗木表面的风速，预防生理干旱的发生，并且能够减少强烈的太阳辐射对苗木可能产生的伤害。

（3）设防风障。设防风障能够降低风速，减少苗木蒸腾，防止生理干旱。防风障应与要害风方向垂直，在迎风面距第一苗床1～1.5米处设一行较高而密的防风障，风障间的距离一般为风障高度的15倍左右。

（4）设暖棚或阳畦。与搭荫棚相似，但是暖棚或阳畦除向阳面外都用较密的帘子与地面相接，多见于南方（图1-25）。

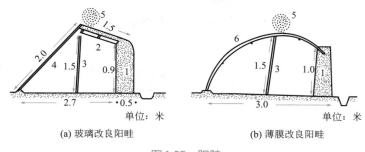

图1-25　阳畦

1—土墙；2—桄檩；3—柱；4—玻璃窗；5—草帘；6—竹竿

8. 苗期病虫害防治

苗期常见的病害有：猝倒病、立枯病、白粉病等。常见的害虫有：蚜虫、白粉虱、叶螨、蚧类等。针对不同的病虫害采取相对应的措施进行防治。

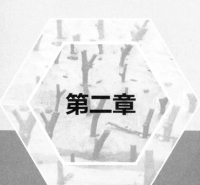

第二章

苗木扦插与嫁接等繁育新技术

无性繁殖又称为营养繁殖，是指由植物体的根、茎、叶等营养器官或某种特殊组织产生新植株的生殖方式。苗木能够进行营养繁殖是因为植物细胞具有全能性、植物营养器官的再生能力、植物激素对植物营养器官再生的促进作用及营养物质对器官再生的促进作用。营养繁殖的方法很多，包括扦插、嫁接、分株、压条、埋条等。

第一节　扦插繁殖及培育

扦插繁殖是利用植物营养器官的一部分，如根、茎、叶、芽等，将它们插在土中或基质中，促其生根，并能生长成为一株完整、独立的新植株的繁殖方法，属于无性繁殖的一种。扦插用的植物营养器官称为"插穗"，扦插成活的苗子称为扦插苗。

一、扦插成活的条件

1. 植物自身的遗传性

不同的植物，由于其遗传性的差异，其形态结构、生长发育规律及对外界环境适应性的不同，扦插过程中生根发芽的难易程度存在很大的差异。有些植物扦插很容易生根，如杨树、连翘、泡桐、迎春、绣线菊、柳树、绣球、月季、悬铃木、菊花、景天科及仙人掌科的植物等，但有些植物扦插却极难生根，如云杉、冷杉、落叶松、海棠、玉兰、核桃、板栗等。一般来说，在其他条件一致的情况下，灌木比乔木容易生根；灌木中匍匐形比直立形容易生根；乔木中阔叶树比针叶树容易生根。

2. 插穗的生理年龄

插穗的生理年龄包括两个方面，一个是采取插穗的母株年龄，一个是插穗的年龄。通常植物生理年龄越老，其生活力越低，再生能力越差，生根能力越差。同时，生理年龄过高，插穗体内抑制生长物质增多，也会影响扦插的成活率。所以插穗多从幼龄母株上采取。而插穗多采用 1 ～ 2 年或当年生枝条。

3. 插穗的部位

扦插能否成活与插穗在枝条上的部位有关。试验证明，同一质量枝条上剪取的插穗，从基部到梢部，生根能力逐渐降低。采取母株树冠外围的枝条做插穗，容易生根。株主轴上的枝条生长健壮，贮藏的有机营养多，扦插容易生根。

4. 插穗的发育状况

当发育阶段和枝龄相同时，插穗的成活率与其发育状况有很大的关系，特别是糖类含量的多少与扦插成活率有密切关系。插穗发育充实，养分贮存丰富，能供应扦插后生根及初期生长所需的主要营养物质，为了保持插穗含有较高的糖类和适量的氮素营养，生产上常通过对植物施用适量氮肥，以及使植物生长在充足的阳光下而使其获得良好的营养状态。在采取插穗时，应选取朝阳面的外围枝和针叶树主轴上的枝条。对难生根的树种进行环剥或绞缢，都能使枝条处理部位以上积累较多的糖类和生长素，有利于扦插生根。一般木本植物的休眠枝组织充实，扦插成活率高。因此，大多数木本植物插穗的采集多在秋末冬初、营养状况好的情况下进行，经贮藏后翌春再扦插。

5. 插穗的极性

插穗的极性是指插穗总是极性上端发芽，极性下端发根。茎插穗的极性是距离茎基部近的为下端，远离茎基部的为上端。根插穗的极性则是距离茎基部近的为上端，而远离茎基部的为下端。扦插时注意插穗的极性，不要插反（图2-1）。

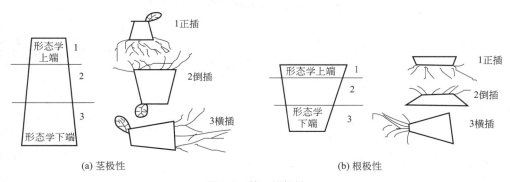

图2-1　茎、根极性

6. 生态环境条件

（1）水分。水分是影响扦插成活最重要的外界环境因素之一，包括三个方面：扦插基质的含水量、空气湿度及插穗本身含水的多少。扦插基质是调节插穗体内水分收支平衡、使插穗不致枯萎的必要条件，空气湿度大可减少插穗和扦插基质水分的消耗，减少蒸发和蒸腾。通常扦插基质的含水量为田间最大含水量的50%～60%，空气相对湿度保持在80%～90%为宜。插穗本身所含的含水量对扦插成活也是至关重要的，接穗采集时间过长，保存不当，失水过多，势必限制插穗的生理活动，影响插穗的成活。因此，生产上扦插前都用清水浸泡插穗，以维持插穗活力，浸泡24小时为宜。

（2）温度。温度对扦插生根的快慢起决定作用。一般对于木本植物的扦插，其愈伤组织和不定根的形成与气温的关系是：8～10℃，有少量愈伤组织生长；10～15℃，愈伤组织产生较快，并开始生根；15～25℃，最适合生根，生根率最高；25℃以上，生根率迅速下降；

36℃以上，扦插难以成活。

（3）光照。扦插后适当地遮阴，可以减少水分蒸发和插穗水分蒸腾，使插穗保持水分平衡。但遮阴过度，又会影响土壤温度。嫩枝扦插，并有适当的光照，有利于嫩枝继续进行光合作用，制造养分，促进生根，但仍要避免阳光直射，一般接受40%～50%的光照为佳。因此，插床上要设遮阴网，以根据需要调节光照。

（4）空气。空气指插穗基质中的含氧量。扦插的基质要通气良好，如果基质内氧气含量低，通气不良，就会造成插穗腐烂，难以生根。

（5）扦插基质。扦插常用的基质有土壤、砂土、沙、珍珠岩、蛭石、草炭、泥炭、苔藓、炉渣、水或营养液（水插、雾插）等。一般，对于易生根的植物，常采用保水性和透气性较好的壤土或砂壤土。对于一些扦插较难生根的植物，则可在土壤中加入蛭石、珍珠岩、草炭等。

二、促进插穗生根的措施

（一）物理处理

1. 机械方式处理

进行扦插的前一个月，在准备做插穗的枝条基部进行环剥（宽度1～2厘米）、环割、刻伤（深达韧质部）、绞缢等措施，控制枝条上部制造的有机物和生长素向下运输，从而使其停留在枝条内，使扦插后生根及初期生长所需的主要营养物质和激素充实，促进扦插成活（图2-2）。

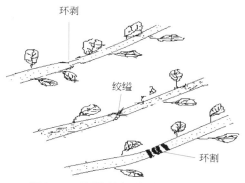

图2-2　对插穗枝条进行机械处理

2. 黄化处理

进行扦插前，用黑布、纸、塑料薄膜等遮盖插穗一段时间，使其处于暗环境中，插穗因缺光而黄化、软化，促进插穗生根。

3. 加温处理

对扦插生根的苗床进行加温，使苗床温度达到15～25℃，促进生根，为保持湿度，要经常喷水。对于枝条内部含有单宁、酚类、松节油、松脂等影响扦插生根的植物，扦插前可以用温水浸泡2～5小时，促进生根。

（二）化学药剂处理

1. 生长素处理

生长素具有促进生根的生理功能，因此，可使用生长素对插穗进行化学处理，促进其生根。生产中常用的生长素有吲哚丁酸（IBA）、萘乙酸（NAA）、生根粉等，吲哚丁酸效果最好，生产上常将两种生长素混合使用，以达到更为理想的效果。生长素浓度配比的高低，主要依据插穗浸蘸时间的长短而定。浸蘸时间如果为数个小时至一昼夜，则浓度相对要低些，通常硬枝扦插为20～200毫克/升；嫩枝扦插为10～50毫克/升。如果是快速浸蘸1～5秒，则需要的浓度要高些，一般为500～2000毫克/升。

2. 其他化学药剂的处理

除了用生长素处理插穗外,还可以用维生素 B、蔗糖、精氨酸、尿素、高锰酸钾、硫酸亚铁、硼酸等。

三、扦插时期

1. 春季扦插

春季扦插主要是利用已度过自然休眠的一年生枝进行扦插。插穗经过一段时期的休眠,体内的抑制物已经转化,营养物质积累得多,细胞液浓度高,只要给予适宜的温度、水分、空气等外界条件就可以生根发芽。落叶树种宜早春、芽刚萌动前进行,过晚,则温度较高,树液开始流动,芽开始膨大,枝条内的贮藏营养已消耗在芽的生长上,扦插后不易生根。常绿树扦插可晚些,因为它需要的温度高。这个时期主要进行硬枝扦插和根插。

2. 夏季扦插

夏季扦插是选用半木质化、处于生长期的新梢带叶扦插。嫩枝的再生能力较已全木质化的枝条强,且嫩枝体内薄壁细胞组织多,转变为分生组织的能力强,可溶性糖、氨基酸含量高,酶活性强,幼叶和新芽或顶端生长点生长素含量高,有利于生根。这个时期的插穗要随采随插,主要进行嫩枝扦插、叶插。

3. 秋季扦插

秋季扦插插穗采用的是已停止生长的当年生木质化枝条。扦插要在休眠期前进行,此时枝条的营养液还未回流,糖类含量高,芽体饱满,易形成愈伤组织和发生不定根。

4. 冬季扦插

南方的常绿树种冬季可在苗圃中进行扦插,北方落叶树种通常在室内进行。

四、插穗的采集与制作

1. 插穗的采集

通常采集插穗的母株的年龄不同,插穗的成活率也会存在差异。生理年龄越小的母株,插穗成活率越高。因此,应该选择树龄较年轻的母株,采集母株树冠外围的一、二年生枝,当年生枝或一年生萌芽条,要求枝条发育健壮、芽体饱满、生长旺盛、无病虫害等(图2-3)。

2. 插穗的剪截与处理

枝条剪截成插穗的长度要根据植物种类、培育苗木的大小、枝条的粗细、土壤条件等决定。嫩枝扦插的插穗长度为 5 ~ 25 厘米,下部剪口大多剪成马耳形单斜面的切口,剪去插条下部叶片,仅留顶部 1 ~ 3 片叶,如果叶片大,则每片叶只留 1/2。硬枝扦插的插穗一般剪成 10 ~ 20 厘米长的小段,北方干旱地区可稍长,南方湿润地区可稍短。接穗上剪口离顶芽 0.5 ~ 1 厘米,以保护顶芽不致失水干枯;下切口一般靠节部,每穗一般应保留 2 ~ 3 个或更多的芽下部,剪口多剪成楔形斜面切口、平切口和踵状切口(图2-4)。

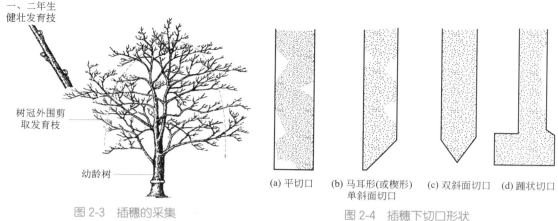

图 2-3 插穗的采集

(a) 平切口　(b) 马耳形(或楔形)　(c) 双斜面切口　(d) 踵状切口
　　　　　　　单斜面切口

图 2-4 插穗下切口形状

剪切后的插穗需根据各种树种的生物学特性进行扦插前处理，以提高其生根率和成活率。常用的是浸水处理，即进行硬枝扦插前，应用清水浸泡 12～24 小时，使其充分吸水，以恢复细胞的膨压和活力。

五、扦插的种类和方法

扦插繁殖由于采取植物营养器官的部位不同，可分为三大类：枝插（硬枝扦插和嫩枝扦插）、根插、叶插（全叶插、片叶插和叶芽插）。

（一）枝插

1. 硬枝扦插

硬枝扦插是利用充分木质化的一二年生枝条进行扦插。扦插可在春季或秋季进行，以春季为多。采穗时间一般在秋季落叶后或春季树液流动前，结合休眠期修剪进行。插穗一般剪成 50 厘米，50～100 枝一捆，分层埋于湿沙中，进行低温贮藏，贮藏温度为 1～5℃。硬枝扦插的插穗一般剪成 10～20 厘米长的小段，每穗一般应保留 2～3 个芽，接穗上剪口离顶芽 0.5～1 厘米，下切口多剪成楔形斜面切口和平切口（图 2-5）。

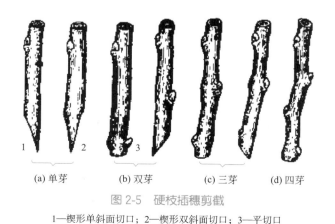

(a) 单芽　(b) 双芽　(c) 三芽　(d) 四芽

图 2-5 硬枝插穗剪截

1—楔形单斜面切口；2—楔形双斜面切口；3—平切口

硬枝扦插有直插和斜插，应根据插穗长度及土壤条件采取相应的扦插方式。一般生根容易，插穗短，基质疏松的采用直插；生根较难，插穗长，基质黏重的用斜插。

扦插深度要适当，过深地温低，氧气供应不足，不利于插穗生根；过浅蒸腾量大，插穗容易干枯。扦插的具体深度因树种和环境条件不同而异，容易生根树种，环境条件较好的圃地，扦插深度可浅一些；相反，生根困难的树种，土壤条件干旱，扦插可以深一些。一般落叶树种，扦插以地上部露出 2 ~ 3 个芽为宜，在干旱地区插穗可全部插入土中，插穗上端与地面平齐。常绿树种，扦插深度以插穗长度的 1/3 ~ 1/2 为宜（图 2-6）。

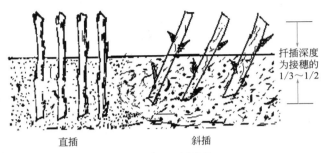

图 2-6　硬枝扦插

2. 嫩枝扦插

嫩枝扦插又称为软枝扦插或绿枝扦插，适用于大部分一二年生花卉和部分花灌木的扦插繁殖。嫩枝扦插生根很快，条件适宜的条件下，20 ~ 30 天即可成苗。嫩枝扦插在温室内一年四季都可以进行，露地则在生长旺盛的夏、秋季进行，但夏季温度过高，要利用一些遮阴设施。

插穗应选择健壮、组织尚未老熟变硬的枝条为宜，过于柔嫩的易腐烂，过老则生根缓慢。插穗一般剪成 5 ~ 10 厘米，剪口多剪成马耳形单斜面，剪口要光滑。插穗下部的叶片全部剪除，可在上端留 2 ~ 3 片叶，过大的叶片需剪半或剪去叶片的 1/3。多数花卉应随采随插，多汁液种类应使切口干燥后扦插，多浆植物应使切口在阴凉处干燥半日或数日后扦插，以防腐烂。

软枝扦插时应先开沟、浇水，将插穗按一定的株行距摆放到沟内，或已扎好的孔内。插穗插入基质的深度，以插穗长度的 1/3 ~ 1/2 为宜。嫩枝插穗生根要求的温度比硬枝稍高，一般为 20 ~ 25℃，高者可达 30℃，空气相对湿度应在 85% 以上，扦插初期应进行遮阴（图 2-7）。

图 2-7　软枝扦插

3. 半软枝扦插

半软枝扦插一般是指用半木质化、正处在生长期的新梢插穗进行扦插的方式，多在 6 ～ 7 月进行。插穗长 10 ～ 25 厘米，插穗下部的叶片全部剪除，上部全部剪除或留 1 ～ 2 片。扦插深度以插穗的 1/3 ～ 1/2 为宜。

（二）根插

根插是利用一些植物的根能形成不定芽、不定根的特性，用根作为扦插材料来繁育苗木。根插可在露地进行，也可在温室内进行。采根的母株最好为幼龄植株或生长健壮的一二年生幼苗。木本植物插根一般直径要大于 3 厘米，过细，贮藏营养少，成苗率低，不宜采用，插根根段长 10 ～ 20 厘米；草本植物根较细，但其直径要大于 5 毫米，长度 5 ～ 10 厘米。根段上口剪平，下口斜剪。插根前，先在苗床上开深为 5 ～ 6 厘米的沟，将插穗斜插或平埋在沟内，注意根段的极性。根插一般在春季进行，尤其是北方地区。

适用于根插的园林花木有：泡桐、楸树、牡丹、刺槐、毛白杨、樱桃、山楂、核桃、海棠果、紫玉兰、蜡梅等。

（三）叶插

利用叶脉和叶柄能长出不定根、不定芽的再生机能的特性，以叶片为插穗来繁殖新个体的方法，称叶插法，如秋海棠类、大岩桐、虎尾兰、石莲花、落地生根、景天、百合、夹竹桃等可采用叶插法进行扦插。叶插一般都在温室内进行，所需环境条件与嫩枝插相同，属于无性繁殖的一种，生产中应用较少。叶插分为全叶插和片叶插。

1. 全叶插

全叶插是指用完整叶片做插穗的扦插方法。其具体方法是剪取发育充分的叶子，切去叶柄和叶缘薄嫩部分，以减少蒸发，在叶脉交叉处用刀切割，再将叶片铺在基质（草炭和砂各半）上，使叶片紧贴在基质上，给以适合生根的条件，在其切伤处就能长出不定根并发芽，分离后即成新植株；还可以带叶柄进行直插，叶片需带叶柄插入沙内，以后于叶柄基部形成小球并发根生芽，形成新的个体，如大岩桐、非洲紫罗兰、苦苣苔等。全叶插分为两种方式，即平置叶插和直插叶插（图 2-8）。

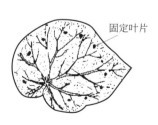

(a) 平置叶插　　　　　　　　　　(b) 直插叶插

图 2-8　全叶插

2. 片叶插

片叶插是指将一片叶分割成数块，分别进行扦插，使每一块都能再生出根和芽，生长成为一株新植株的方法。如虎尾兰的扦插，可将叶片剪下来，再横切长 5 厘米左右的叶段为插穗，直插于沙中，插时原来上、下的方向不要颠倒，即可在叶段基部发出新根，形成新的植株（图 2-9）。

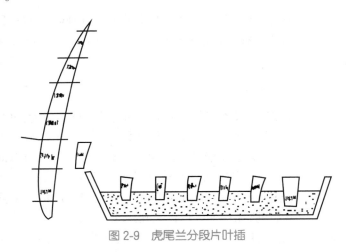

图 2-9　虎尾兰分段片叶插

六、扦插苗的抚育管理

1. 水分管理

水分是插穗生根的重要条件之一。自扦插起，到接穗上部发芽、展叶、抽条，下部生根，在此时期，水分除了插穗本身原有的外，就是依靠插穗下切口和插穗的皮层从基质中吸收。嫩枝扦插和针叶树扦插中，虽然叶子能制造养分，但叶子也在蒸腾水分，因而水分的供需矛盾也很严重。这个时期生根的关键就是水分，所以要求插壤里必须有一定量的水分，发现水分不足要及时灌溉，还可以扦插后再用地膜覆盖，或搭荫棚，这样能提高地温，降低水分蒸发，是保证扦插成活的有效措施。

2. 温度管理

木本植物生根的最适温度是 15～25℃，早春扦插地温低，达不到温度要求，可以用地热线加温苗床补温；夏季和秋季扦插，地温气温都较高，可以采用遮阴或喷雾的方法来降低温度；冬季扦插必须在温室内进行。

3. 施肥管理

扦插生根阶段通常不需要施肥，但扦插生根展叶后，必须依靠新根从土壤中吸收水和无机盐来供应根系和地上部分的生长，这个时期必须对扦插苗追肥。扦插后每隔 5～7 天可用 0.1%～0.3% 浓度的氮、磷、钾复合肥喷洒叶面，或将稀释后的液肥随灌水追肥。但进入休眠期前要及时控肥，防止幼苗贪青徒长，影响越冬。

4. 中耕除草

为防灌水后土壤板结，影响根系的呼吸，每次大水灌溉后要及时中耕除草。

5. 越冬防寒

当年不能出圃的苗木，在冬季地区露地越冬时，要进行防寒处理，可采用覆草、埋土或设防风障、搭暖棚等措施。

第二节 嫁接繁殖及培育

嫁接是指将植物的枝或芽接在另一植株的根、枝或插穗上，使之愈合后生长发育成新个体的一种方法。供嫁接用的枝、芽称为接穗或接芽；承受接穗或接芽的根或枝条称为砧木。用嫁接方法繁殖的苗木属无性或营养繁殖苗，简称嫁接苗（图 2-10）。

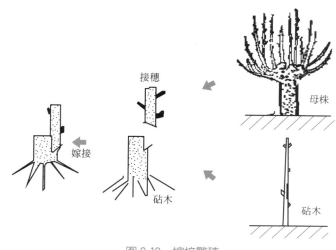

图 2-10 嫁接繁殖

一、嫁接的原理、作用和意义

（一）嫁接成活的原理

嫁接成活的生理基础是植物的再生能力和分化能力。接口表面受伤细胞因受到削伤刺激，分泌愈伤激素刺激细胞内原生质活泼生长，使接穗、砧木双方的形成层和薄壁组织细胞旺盛分裂，形成愈伤组织。愈伤组织不断增长，砧木、接穗两者愈伤组织的中间部分成为形成层，向内分化为木质部，向外分化为韧皮部，形成完整的疏导系统，砧木的根在土壤中吸收水和无机盐通过木质部向上运输给接穗。

（二）嫁接的作用和意义

1. 可以保持品种的优良特性

对于异花授粉的植物，由于不同品种间的花粉受精后形成种子，这类种子具有父本和母本双重遗传性，用种子繁殖后代，其后代性状容易产生分离，不能保持母本原有特性。嫁接后接穗生长发育和开花结果，虽然也不同程度受砧木的影响，但与其他营养繁殖一样能保持母本遗传特性不变，继续保持母本优良特性。

2. 提早开花结果

实生繁殖的植物尤其是木本植物，播种后必须生长发育到一定年龄后才能开花结果，通常几年甚至十几年。而嫁接树所采用的接穗都是从成年树上采的枝和芽，已经具有较大的发育年龄，同时，砧木已具备较强大的根系，把接穗嫁接在砧木上，成活后很快就能生长发育、提早开花和结果。俗话说"桃三、李四、杏五年"，就是指桃、李、杏播种后分别经过三、四、五年才能开花和结果，核桃、板栗一般需10年才结果，如果采用嫁接繁殖，这些树种当年或第二年就可以开花结果。中国的活化石银杏又称为公孙树，播种20年后才进入盛果期，采用嫁接法繁殖，10～13年即可结果。

3. 增强品种抗性和适应环境的能力

通常砧木具有抗寒、抗旱、抗病、耐盐碱、耐瘠薄等特性，利用砧木对接穗的生理影响，可提高接穗的生理抗性。如苹果嫁接在山荆子上可以提高接穗的抗寒和抗旱性。

4. 改变株型

选用矮化砧或乔化砧，改变接穗的株型，调节生长势，使苗木矮化或乔化，培育不同株型的苗木，提高接穗的经济价值、观赏价值等。

5. 克服不易繁殖的缺陷、加速优良品种的繁殖

单性结实、孤雌生殖等结实不育，或者是结实少甚至不结实等不能进行有性繁殖的，而且通过扦插等无性繁殖手段又难以成活的品种，嫁接就成为其主要的，甚至是唯一的繁殖手段。如碧桃、观赏性海棠、牡丹、茶花等。目前园林植物品种日新月异，采用嫁接繁殖可加速优良品种的扩繁。

6. 提高花木的观赏性

嫁接可提高花木的观赏价值。把同一个种不同品种的花木嫁接在同一植株上，可获得多姿多色和延长花期的效果，如夹竹桃、天竺葵、蟹爪兰、月季、仙人掌等。

7. 对遭受损伤的树木进行修补、老树和古树复壮

树木枝干遭受病虫危害和机械损伤，或生理年龄老，树势老化的树木可通过嫁接进行换枝、补枝或换头，以恢复树势达到更新复壮的目的。

二、影响嫁接成活的因素

（一）内部因素

1. 砧木和接穗的亲和力

所谓嫁接亲和力，就是指砧木和接穗经嫁接而能愈合生长发育的能力。具体地说，就是砧木和接穗在内部的组织结构上、生理和遗传性上彼此相同或相近，从而互相结合在一起生长发育的能力。亲和力是影响嫁接成活的首要因素。亲和力越强，嫁接成活的概率越大，亲和力越弱，嫁接越不容易成活。植物学分类上，嫁接亲和力主要由亲缘关系决定，亲缘关系越近其亲和力越强，亲缘关系越远，其亲和力越弱。亲缘关系由近及远的顺序为：同品种间、同种异品种间、同属异种间、同科异属间、不同科间。

2. 砧木和接穗营养物质的积累、生活力及生理特性

砧木和接穗体内营养物质积累得越多，形成层越易于分化，越容易形成愈伤组织，嫁接

成活率越高，同时，砧木、接穗生活力的高低也是嫁接成活的关键，生活力保持得越好，成活率越高。因此，应选取发育健壮、丰产、无病虫害的母树，从其树冠外围、生长充实、发育良好、芽子饱满的一二年枝上剪取接穗。砧木要求生理年龄小、生命力强的一二年生的实生苗。

另外，砧木和接穗的生理特性也影响着嫁接的成败。如砧木和接穗的根压不同，砧木根压高于接穗生理正常；反之，就不能成活。因此，有的嫁接正接能成活，反接就不能成活。

3. 砧木、接穗的内含物

松类、柿子、山桃、核桃等林木进行嫁接时，砧木的切口上常产生松节油、松脂、单宁、酚类物等特殊的"伤流"物质。在"伤流"液较多的情况下，接穗泡在伤流液中会窒息，伤口细胞不能呼吸，使愈伤组织难以形成，造成接口的霉烂，同时单宁物质也直接与构成原生质的蛋白质结合发生沉淀作用，使细胞原生质颗粒化，从而在结合面之间形成数层由这样的细胞组成的隔离层，阻碍着砧木和接穗双方物质的交换，导致嫁接失败。因此，这类林木在嫁接时要选择适时的嫁接时期，通常在"伤流"较少时期进行，嫁接时操作快而准，缩短切口面与空气接触时间，最大限度减少酚类物质的氧化时间。

（二）外部因素

1. 温度

温度影响嫁接繁殖愈伤组织的形成。温度过高，蒸发量太大，切口易失水，若处理不当嫁接不易成活；温度太低，形成层活动差，愈合时间过长，容易造成切口腐烂，嫁接不易成活。通常愈伤组织生长适温是 $20 \sim 25℃$，低于 $15℃$ 或高于 $35℃$ 愈伤组织形成慢甚至停止生长。但不同植物在形成愈伤组织时需要的适温是不同的，如梅 $20℃$，山茶 $26 \sim 30℃$，枫 $30℃$ 时形成量多。

2. 湿度

在砧木、接穗愈合前保持接穗及接口处上的湿度，是嫁接成活的一个重要保证。愈伤组织的形成需要一定的空气环境湿度，接口处空气湿润，相对湿度越接近饱和，愈伤组织越易形成，接口过于干燥会导致细胞失水，时间一长，会导致死亡，嫁接失败。同时，接穗也需要一定湿度保持活力，以保证形成层细胞活动正常。生产上常用塑料薄膜包扎或涂蜡来保持湿度。

3. 光照

一般黑暗条件下，能促进愈伤组织的生长，黑暗中愈伤组织的生长速度比在强光下快3倍左右。因此，嫁接后适当遮光可提高嫁接成活率，生产上可嫁接后套信封或黑色袋子，但嫁接愈合后要及时撤除。

4. 气象

在室外嫁接时，注意避开不良气候条件，阴湿的低温天、大风天、雨雪天都不宜嫁接。阴天、无风和湿度较大的天气最适宜嫁接。

三、嫁接育苗技术

（一）嫁接工具

（1）**常用的嫁接刀具有**：劈刀、手锯、剪枝剪、劈接刀、枝接刀、芽接刀、根接刀等。

（2）**常用的绑扎材料有**：过去常用蒲草、麻等，现在主要采用塑料带。

（3）**接蜡**：为防止水分蒸发和雨水侵入接口，常用接蜡封口，来提高成活率，常用的接蜡分为固体接蜡和液体接蜡两类。接穗封蜡的方法很简单，即将市场销售的工业石蜡切成小块，放入铁锅或铝锅等容器内加热至熔化，把接穗剪成所需长度，顶芽留饱满芽，当石蜡烧到100℃左右时，将接穗蘸入熔化的石蜡中，并立即拿出，而后再将另一头蘸进再迅速取出（图2-11）。

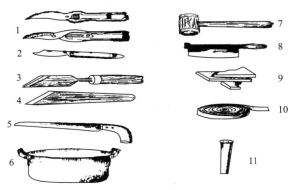

图 2-11　嫁接常用工具
1—剪枝剪；2—芽接刀；3—带柄切接刀；4—切接刀；5—手锯；6—铝锅；7—木槌；
8—劈接刀；9—石蜡；10—塑料带；11—铁钎子

（二）嫁接时期

园林植物嫁接成活的好坏与气温，土温，砧木、接穗的生理活性有着密切关系，因此，嫁接时期因植物种类、环境条件以及嫁接的方式方法不同而有所不同。一般硬枝嫁接、根接在休眠期进行，芽接和绿枝嫁接在生长季节进行，具体时期如下：

1. 休眠期嫁接

所谓休眠期嫁接实际上是在春季休眠期已基本结束，树液已开始流动时进行。其主要在2月中下旬～4月上旬进行，此时砧木的根部及形成层已开始活动，而接穗的芽即将开始萌动，嫁接成活率高。这个时期主要进行硬枝嫁接、根接。

2. 生长期嫁接

生长期嫁接主要是在5～9月进行，此时树液流动旺盛，枝条腋芽发育充实而饱满，新梢充实，养分贮藏多，增殖快，砧木树皮容易剥离，主要进行芽接和绿枝接。大部分草本植物的嫁接在这个时期进行。

（三）砧木、接穗的采集与贮藏

1. 接穗的采集与贮藏

接穗采集正确与否也是影响嫁接成活的重要因素。首先，采取接穗的母树要求树体健壮、品种优良纯正、无病虫害，而接穗一般选用树冠外围、生长充实、芽体饱满的枝条。

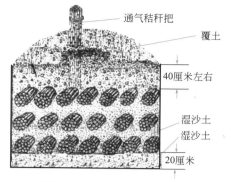

图 2-12　接穗低温窖藏

选取接穗的标准，主要根据嫁接时期及嫁接方式的不同而定，春季进行硬枝嫁接，接穗多用一年生枝，结合冬季修剪采集，低温下贮藏越冬。贮藏的接穗剪成 50 厘米左右，按品种捆成捆，然后封存在塑料袋中，放入地窖或冰箱、冷库中，通常温度为 0 ～ 10℃（图 2-12）。生长季节进行绿枝嫁接或芽接，多采用当年生枝，为保证成活率，应随采随接，绿枝嫁接的接穗要去除多余叶片，通常留上部 1 ～ 2 片即可，防止叶片过多造成水分大量蒸腾、消耗。同一枝条上，中间部位的芽体最为饱满，作为接穗最佳。

2. 砧木的选取

砧木对接穗的生理影响很大，因此，选择砧木也是至关重要的。通常砧木的选择遵循以下几个原则：与接穗亲和力强；根系较为发达；对当地的气候、土壤等环境条件适应性强（如抗寒、抗旱、耐盐碱、耐涝、抗盐碱、抗病虫害等）；对接穗的生长、开花、结果有优良的影响；繁殖材料丰富，且繁殖系数高。

四、嫁接的种类和方法

根据接穗的不同，嫁接分为枝接、芽接、仙人掌类植物嫁接等。其中枝接分为切接、劈接、腹接、靠接、皮下接等。芽接分为"T"字形芽接、嵌芽接等。仙人掌类植物嫁接主要采用平接法、插接法。

（一）枝接

将繁殖品种的枝条截成接穗，将砧木的枝干截断，在断面上插嵌接穗，使彼此相结合成一体的嫁接方法。枝接主要分为以下几种方法。

1. 切接法

切接法为枝接中常用技术，适用于乔木、灌木等大多数木本花木。砧木较粗于接穗，砧木直径通常为 1 ～ 2 厘米。

（1）接穗的处理：选择生长健壮，侧芽饱满，长 5 ～ 10 厘米，带有 1 ～ 3 芽的枝段作为接穗。在接穗的下端（注意接穗的极性）——接穗芽背面一侧，用刀削成削面长 2 ～ 3 厘米、深达木质部 1/3 的平直光滑斜面，然后再在其下端相对的另一侧削成 45°角，长约 1 厘米的小斜面，略带木质部。

（2）砧木的处理：砧木在距离地面 3 ～ 5 厘米处截断，截面要光滑平整。选择砧木皮较厚，光滑无节，木材纹理顺直的一侧，用刀稍带木质部向下垂直切下，切口深约 3 厘米，掌刀要稳，不宜过猛，防止切口过深，影响愈合。

（3）嫁接：将削好的接穗的长斜面面对砧木的大削面轻轻插入砧木的切口，使接穗削面和砧木削面的形成层对齐，并紧密结合。如果接穗较砧木细，必须保证一边的形成层与砧木形成层对准、靠近。注意接穗的削面不要全部插入砧木的切口，应露出0.1～0.2厘米（嫁接上称为露白），有利于接穗、砧木削面结合紧密。接穗和砧木插入对准后，立即用塑料带（宽约15厘米，长约20厘米），将砧木切口的皮层由下向上轻轻拢起包于接穗外面缠绕绑缚紧密，绑扎时应小心，注意不要使接穗和砧木结合处有丝毫松动，并用塑料带包裹好整个接口及砧木的断面。绑缚好后，套上塑料袋，提供稍暗环境，且保湿，可提高成活率。但注意嫁接成活后要及时除袋（图2-13）。

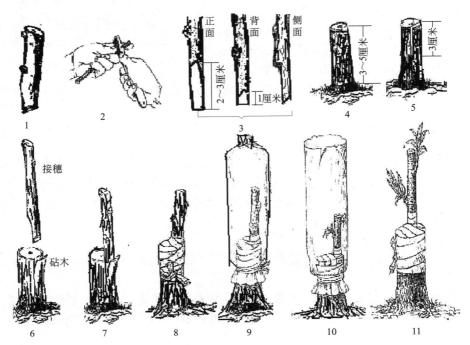

图 2-13　硬枝切接过程示意图

1—选取接穗；2—削接穗；3—削好接穗的正、背、侧面；4—截砧木；5—砧木切口；6—插接穗；7—插好接穗；
8—绑缚；9—套塑料袋保湿；10—接穗芽萌动后解开袋口；11—嫁接成活后及时去除套袋

2. 劈接法

劈接法适用于砧木较粗（直径大于3厘米），而接穗较砧木细的嫁接。

（1）**削接穗**：接穗剪取长6～10厘米，带有2～4个芽，在其下端削成两个长度约为3厘米的楔形平滑削面。若砧木和接穗粗细相当时，接穗两楔形削面要对称，如果砧木粗于接穗，则接穗靠砧木形成层外侧要比内侧略厚些。

（2）**劈砧木**：砧木在距离地面5～6厘米处锯断，将断面削平，用劈接刀在砧木断面中间位置垂直向下劈入，深度应等长或略长于接穗削面（通常3～4厘米）。如果砧木过粗，木质化程度大，可用锤子进行辅助。当砧木很粗时，可劈两刀，成"十"字形切口，嫁接四个接穗，提高成活率。

（3）**嫁接**：砧木劈好后，用刀撬开砧木后随即将削好的接穗插入，使接穗与砧木一侧的形成层对齐，切不可插入砧木切口的中间。插接穗时不要把接穗全部插入接口，要露白。然后用塑料带绑缚，伤口要全部包敷。若砧木较粗，可在砧木切口两侧各插入一个接穗，若砧木是"十"字形切口，可插入四个接穗，有利于愈合（图2-14）。

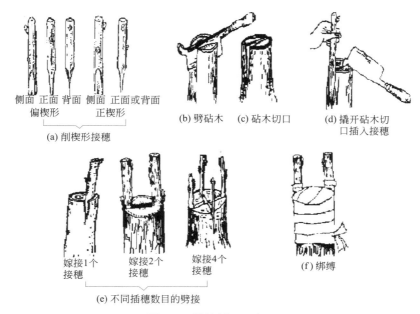

侧面 正面 背面 侧面 正面或背面
　偏楔形　　　　正楔形

(a) 削楔形接穗　　　(b) 劈砧木　(c) 砧木切口　(d) 撬开砧木切
　　　　　　　　　　　　　　　　　　　　　　　　口插入接穗

嫁接1个　　嫁接2个　　嫁接4个
接穗　　　　接穗　　　　接穗　　　　　　　　(f) 绑缚

(e) 不同插穗数目的劈接

图 2-14　劈接过程示意图

3. 腹接法

不截砧冠的枝接方法，是在砧木离地面较高的部位进行枝接，固称为腹接。腹接多在4～9月份进行。接穗的切削方法和劈接法相近似，所不同的是腹接法的削面是斜楔形，即在接穗基部削一长约3厘米的削面，再在其对面削1.5厘米长左右的短削面，长边厚而短边稍薄。砧木不必剪断，在欲接部位选平滑处向下斜切一刀，刀口与砧木垂直线成45度左右，使与接穗的削面大小、角度相适应。将接穗斜面的木质部插入切口中，对准形成层，接后用塑料带绑缚牢固，待成活后，再将嫁接部位以上的砧木去除（图2-15）。

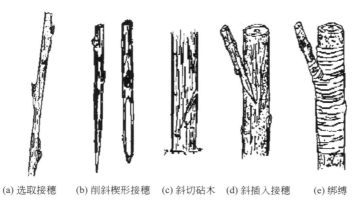

(a) 选取接穗　　(b) 削斜楔形接穗　　(c) 斜切砧木　　(d) 斜插入接穗　　(e) 绑缚

图 2-15　腹接过程示意图

4. 靠接法

靠接法是将两株植物在保留各自根系的前提下，两株植物的枝条相互靠合，使其愈合后再剪切分离的嫁接方法。由于此法接穗在与砧木产生愈伤组织前不与母株分离，因此成活率高。但此法繁殖时间长，适合于较为珍稀的植物或其他嫁接方法不易成功的植物。

　　靠接通常在生长季节进行，具体有分枝靠接、幼苗靠接、根靠接等，生产上常用分枝靠接法。分枝靠接法是先将接穗栽植于花盆中，成活后将花盆移至准备嫁接砧木的旁边，再设法调整砧木的高度，使砧木与接穗的位置相当，即可进行靠接。靠接时，先将接穗和砧木的相应部位各削去一部分皮层，露出形成层，然后将二者的形成层互相接合，接合处用塑料带绑缚严实。待 2 ～ 3 个月愈合后，将接穗与母株分离，剪去砧木的上部即成为新的植株（图 2-16）。

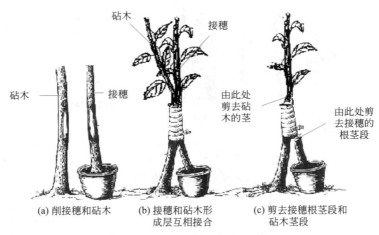

(a) 削接穗和砧木　　(b) 接穗和砧木形　　(c) 剪去接穗根茎段和
　　　　　　　　　成层互相接合　　　　　砧木茎段

图 2-16　嫩枝靠接过程示意图

5. 皮下接法

　　皮下接又称为插皮接，在生长季进行，即在皮层容易剥离时进行，常用于较粗的砧木或大树高接换种。其具体方法是：嫁接时先在需要嫁接的部位、选光滑无伤疤处将砧木锯断，用刀削平锯口，沿着锯口皮层的一侧，垂直切一切口，切口深达木质部，长度比接穗长斜面稍短，并撬起两边的皮层；再将接穗削成一斜面长 3 ～ 5 厘米左右的削面，削面要平整光滑且薄；然后在削口背面的两侧各微削一刀，削好后立即将接穗长削面向里插入砧木皮层内，接穗露白，用塑料带捆绑严实即可（图 2-17）。

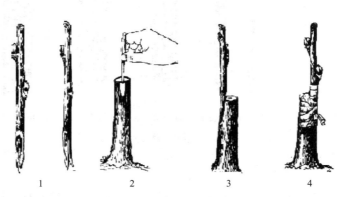

1　　　　　　2　　　　　　3　　　　　　4

图 2-17　插皮接过程示意图

1—接穗削面，撕开接穗削面处的皮层；2—砧木削皮，接口部位露出嫩皮，用竹签撬开插口；
3—将接穗木质部舌片插入砧木插口，皮层包住砧木削面外露的嫩枝；4—绑缚

（二）芽接

芽接是用芽作为接穗进行嫁接的方法，在生长季节、树皮易剥离时期进行，着生芽的枝条多采用当年生枝。芽接具有繁殖系数高，接穗和砧木结合紧密，成苗率高，方法简单容易掌握等特点，是目前应用较为广泛的嫁接方法。常用的主要有两种："T"字形芽接和嵌芽接。

1. "T"字形芽接

"T"字形芽接也称"丁"字形芽接，是最为常用的芽接方法。其具体方法是：选择当年生枝条，将叶片剪除，只留 1/4 叶柄，以保护芽。选择充实饱满的芽体，在芽体上方约 1 厘米处，削进宽度为接穗粗度的 1/2，深达木质部。再在芽下约 2 厘米处，斜向由浅至深向上削进木质部 1/3，至横切处为止，成一盾状芽片，将芽片掰起。砧木则选择 1～2 年生健壮幼苗，在距离地面 10 厘米的光滑无节处用芽接刀割一"丁"字形接口，横切刀宽约 1 厘米，纵切刀长约 1.5 厘米，用刀尖轻轻撬开皮层，将盾形芽慢慢插入皮层内，至芽的上部与砧木的横切面平齐为止，两者紧贴，再用塑料带绑缚即可（图 2-18）。

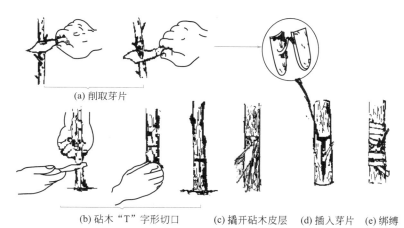

(a) 削取芽片

(b) 砧木"T"字形切口　　(c) 撬开砧木皮层　　(d) 插入芽片　　(e) 绑缚

图 2-18 "T"字形芽接过程示意图

2. 嵌芽接

嵌芽接又名贴皮接、方块接等。此法常用于具棱或沟的接穗，以及接穗和砧木不容易离皮的嫁接。

嫁接时先在选好的接芽四周切四刀，长 2 厘米，宽 1 厘米，呈长方形，再在砧木上距地面 5 厘米左右选择光滑处，削切和接芽同等大小的长方形切口，从侧面切口剥去皮层，立即将从接穗上取下的方块接芽填入切口内，再用塑料带绑紧即可（图 2-19）。

(a) 芽块横切　　(b) 芽块纵切　　(c) 撬取芽块　　　(d) 砧木切口　　(e) 插入芽块　　(f) 绑缚

图 2-19 嵌芽接过程示意图

（三）其他

1. 髓心形成层对接

此法适用于针叶树种。接穗取长 10 厘米左右，发育良好的枝条，除保留上端 8 ～ 12 个针叶簇外，其余全部除去。用锋利的刀片自顶芽以下（如松类）或留出 1 ～ 2 厘米（如水杉）斜切到髓心，然后沿着髓心纵向下切，直至下部，切面要平滑。砧木用 2 ～ 3 年生苗，除保留顶部 15 ～ 20 个叶簇外，其他侧芽和针叶全部除去，去掉针叶的部位应比接穗长，然后顺砧木苗切削成细长的纵向树皮带，深达形成层，切面的长和宽与接穗相同，再把接穗切面对准砧木的切面贴上去，绑捆包扎，待愈合后解绑（图 2-20）。

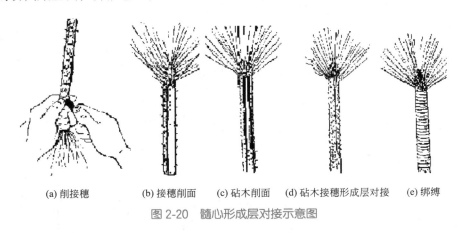

(a) 削接穗　　(b) 接穗削面　　(c) 砧木削面　　(d) 砧木接穗形成层对接　　(e) 绑缚

图 2-20　髓心形成层对接示意图

2. 仙人掌类植物的嫁接

仙人掌类植物的嫁接主要用于嫁接小球，促进加速生长；同时也用于某些根系发育不良、生长缓慢以及一些珍贵少见而不容易用其他方法繁殖的种类。嫁接通常在春季（清明前后），结合换盆进行，方法主要有平接和插接两种。

（1）平接。该方法适用于柱状或球形的种类。嫁接时用利刀将砧木上端横向截断，并在柱棱的肩部削成斜面（防止积水），然后将接穗基部平切一刀后，两者对准砧木的中柱部分接上去：接穗与砧木的切面务必平滑，最后用塑料带做纵向捆绑，使两者密切结合，防止接穗移动（图 2-21）。

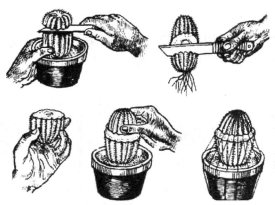

图 2-21　仙人球平接示意图

（2）插接。该方法一般适用于蟹爪兰、仙人掌等具扁干茎节的悬垂性种类。嫁接时用利刀在砧木上横切去顶，再在顶部中央垂直向下切一裂缝，接着在接穗下端的两侧削平，略成楔形，插进砧木的裂缝内，最后用带子绑紧，使接穗和砧木的中柱部分密接（图2-22）。

图 2-22　仙人掌插接示意图

仙人掌类嫁接后，放在干燥处，一周内不可浇水，伤口不可碰到水，成活后，可移到向阳处进行正常管理。

五、嫁接后的管理

（1）检查成活情况与解除绑缚物。芽接苗在接后 7 ~ 15 天即可检查成活情况。生产上常依据接芽和叶柄的生长状态来判断。凡是接芽新鲜，叶柄脱落，或未脱落但手轻轻一触就脱落的即为成活（图2-23）。如果芽片干枯或叶柄不易脱落的为未成活，需及时进行补接。在检查成活情况的同时，应及时松绑或解除绑缚物，以免妨碍砧木的加粗生长或避免绑缚物陷入皮层使芽片受伤。在严寒干旱地区，为保护接芽安全越冬，也可在翌年春芽萌动前解除。

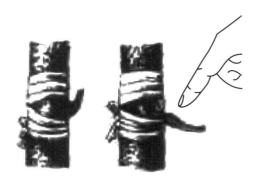

图 2-23　芽接成活

枝接苗可在接后 15 ~ 20 天检查成活情况，可通过接穗上的芽萌动情况进行判断。如果接穗上的芽已经萌动，或虽然未萌动，但芽体仍新鲜饱满，接口处已产生愈伤组织的表示已经成活。如果接穗已经干枯或腐烂，则表示接穗已经死亡，应及时补接。成活后及时解除绑缚物。

（2）剪砧。嫁接成活后及时剪砧。剪砧的剪口不宜离接口太近或太远，太近会有伤接芽或萌芽，容易使芽体抽干；太远又会留砧桩太长，不利于接穗成活。生产上，常在接口部位上方20厘米左右处剪断。剪砧时间要适宜，过早会导致剪口风干受冻，也不能过晚，过晚会消耗养分，影响接穗的生长。

（3）除萌。嫁接成活后，砧木上会时常萌发萌蘖，要及时除蘖，防止萌蘖消耗养分，影响接穗的生长。

（4）加强肥水管理，及时中耕除草。

（5）注意病虫害防治。

第三节 分株繁殖

分株繁殖就是将花卉的萌蘖枝、根蘖、丛生枝、吸芽、匍匐枝等从母株上分割下来，另行栽植为独立新植株的方法。分株繁殖多用于丛生型或容易萌发根蘖的灌木或宿根类花卉。

一、分株繁殖的主要类型

1. 根蘖分株

一些乔木类树种，常在根部长出不定芽，伸出地面后形成一些未脱离母株的小植株，即根蘖，如银杏、香椿、臭椿、刺槐、毛白杨、泡桐和火炬树等。许多花卉植物，尤其是宿根花卉，根部也很容易发出根蘖或者从地下茎上产生萌蘖，尤其根部受伤后更容易产生根蘖，如兰花、南天竹、天门冬等。

2. 茎蘖分株

一些丛生型的灌木类，在茎的基部都能长出许多茎芽，并形成不脱离母株的小植株，即茎蘖，如紫荆、绣线菊类、蜡梅、牡丹、紫玉兰、春兰、萱草、月季、迎春和贴梗海棠等。

3. 吸芽（吸枝）分株

有些植物根际或地上茎叶腋间自然发生的短缩、肥厚呈莲座状的短枝，称为吸芽。吸芽下部可自然生根，故可自母株分离而另行栽植培育成新植株。如多浆植物中的芦荟、景天、拟石莲花等常在根际处着生吸芽；凤梨的地上茎叶腋间能抽生吸芽等。

4. 匍匐茎分株

匍匐茎是植物直立茎从靠近地面生出的枝条向水平方向延伸，其顶端具有变成下一代茎的芽，或在其中部的节处长出根而着生在地面形成的幼小植株，可在生长季节将幼小植株剪下种植。如草莓、葡萄、沙地柏等。

二、分株时间

分株的时间依植物种类而定，大多在休眠期进行，即春季发芽前或秋季落叶后进行。为了不影响开花，一般春季开花者多秋季分株；秋季开花者则多在春季分株。秋季分株应在植物地上部分进入休眠，而根系仍未停止活动时进行；春季分株应在早春土壤解冻后至萌芽前进行，温室花卉的分株可结合移入移出温室和换盆进行。

三、分株方法

根据许多植物根部受伤或曝光后，易形成根蘖的生理特性，生产上常采取砍伤根部促其萌蘖的方法来增加繁殖系数。分株时需注意，分离的幼株必须带有完整的根系和1～3个茎干。幼株栽植的入土深度，应与根的原来入土深度保持一致，切忌将根颈埋入土中；此外，对分株后留下的伤口，应尽可能进行清创和消毒处理，以利于愈合（图2-24）。

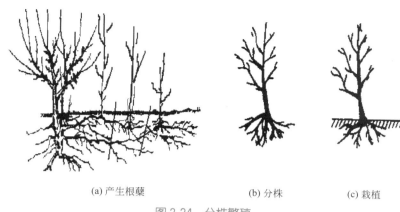

| (a) 产生根蘖 | (b) 分株 | (c) 栽植 |

图 2-24　分株繁殖

多数木本观赏植物在分株前需将母株挽起，然后用刀、剪、斧将母株分劈成几丛，并尽可能多带根系。对一些萌蘖力很强的灌木和藤本植物，可就地挖取分蘖苗进行移植培养。

盆栽观赏植物分株时，可先把母株从盆内取出，抖掉部分泥土，然后顺其萌蘖根系的延伸方向，用刀把分蘖苗和母株分割开，另行栽植。有一些草本花卉常从根茎处产生幼小植株，分株时应先挖松附近的盆土，再用刀从与母株连接处切掉另行栽植。分株苗栽植后，要及时浇水，遮阴，以利缓苗和生长。

分株繁殖成活率高，可在较短时间内获取大苗，但繁殖系数小，不容易大面积生产，苗木规格不整齐，多用于小规模的繁殖或名贵花木的繁殖。

第四节　压条、埋条繁殖

一、压条繁殖

压条繁殖是无性繁殖的一种，是将母株上的枝条或茎蔓埋压土中，或在树上将欲压的那部分枝条的基部，经适当处理包埋于生根介质中，使之生根后再从母株割离成为独立、完整的新植株。压条繁殖多用于茎节和节间容易自然生根，而扦插不易生根的木本花卉。其特点是在不脱离母株条件下促其生根，成活率高，成形容易；但操作麻烦，繁殖量小。

（一）压条繁殖的主要方法

1. 普通压条法

普通压条法又称偃枝压条法，多用于枝条柔软而细长的藤本花卉或丛生灌木。压条时选择基部近地面的 1～2 年生枝条，先在节下靠地面处用刀刻伤几道，或进行环状剥皮、绞缢，割断韧皮部，不伤害木质部；再开深 10～15 厘米沟，长度依枝条的长度而定；然后将枝条下弯压入土中，用金属丝窝成 U 形将其向下卡住，以防反弹；最后覆土，把枝梢露在外面，主棍缚住，不使折断（图 2-25）。此法多在早春或晚秋进行，春季压条，秋季切离；秋季压条，翌春切离栽植。生根割离母体需要大约一个生长季。适宜该方法的树种有蜡梅、迎春、茉莉、金银花、凌霄、夹竹桃、桂花、软枝黄蝉等。

2. 堆土压条法

堆土压条法适用于丛生性强、枝条较坚硬不易弯曲的落叶灌木，如栀子、杜鹃、迎春、连翘、八仙花、六月雪、金钟花、贴梗海棠等。其具体做法是：先将其枝条的下部进行环状剥皮或刻伤等机械处理，然后在母株周围培土，将整个株丛的下半部分埋入土中，并保持土堆湿润。待其充分生根后到来年早春萌芽以前，刨开土堆，将枝条自基部剪离母株，分株移栽（图2-26）。

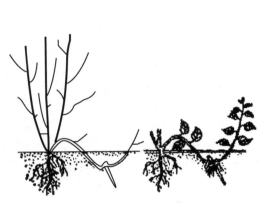 

图2-25　普通压条　　　　　　　　　　　　　图2-26　堆土压条

3. 高空压条法

此法又称空中压条法、高压法，适用于枝条不易弯曲到地面的较高大的植株，如白兰花、米仔兰、含笑、丁香、山茶、橡皮树等。高空压条一般在生长旺季进行，具体做法为：首先挑选发育充实的2～3年生枝条，在其适当部位进行环状剥皮，剥皮宽度花灌木通常1～2厘米，乔木通常3～5厘米，注意刮净皮层、形成层，然后在环剥处包敷湿润的生根基质——苔藓、草炭、泥炭、锯木屑等，外面用塑料薄膜包扎牢固。待枝条生根后自袋的下方剪离母体，去掉包扎物，带土栽入盆中，放置在阴凉处养护，待大量萌发新梢后再见全光。注意在生根过程中要保持基质湿润，生根基质干燥时要及时补水，可以用针管进行注水（图2-27）。

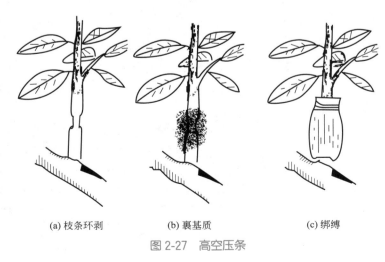

(a) 枝条环剥　　　　　　　(b) 裹基质　　　　　　　(c) 绑缚

图2-27　高空压条

（二）压条时期

压条繁殖是一种不离母株的繁殖方法，所以可进行压条的时期也比较长，在整个生长期中皆可进行。但不同的植物种类，压条进行的时间不同。通常，常绿树种多在梅雨季节初期，落叶树种多在4月下旬气温回暖、稳定后进行，可以延续到7～8月。

（三）促进压条生根的条件

（1）机械处理。对需要压条的枝条进行环剥、环割、刻伤、绞缢等。机械处理要适当，最好切断韧皮部而不伤到木质部。

（2）化学药剂处理。用促进生根的化学药剂如生长素类（萘乙酸、吲哚乙酸、吲哚丁酸等）、蔗糖、高锰酸钾、维生素B、微量元素等进行处理，采用涂抹法。

（3）压条的选择。需要进行压条的枝条通常为2～3年生，且要求枝条健壮，芽体饱满，无病虫害。

（4）高空压条的生根基质一定要保持湿润。

（5）保证伤口清洁无菌。机械处理使用的器具要清洁消毒，避免细菌感染伤口而腐烂。

二、埋条繁殖

埋条繁殖是将枝条（或地下茎）埋入土中，促进生根发芽成苗的繁殖方法，如枝条较长可培育成多株苗木。埋条繁殖的特点是：具有较长枝条，贮藏的营养物质和水分较多，可以较长时间维持枝条的养分和水分平衡，等待生根发芽，且一处生根，全条成活，可以保证较高的成活率。有些树种采用带根埋条，则成活更有保证。但苗木生长不整齐。

埋条繁殖的具体做法：选择生长健壮、充分木质化、无病虫害的一年生苗，或树基部萌发的一年生枝条作埋条。埋条时间多在春季。埋条梢部质量差，埋条时可与基部重叠。在种条生根发芽期间要经常保持土壤湿润，苗高10厘米左右时，在基部培土，以促进新茎生根，苗高20厘米左右时，即可断根定苗。

埋条繁殖常用的方法：①平埋，按行距开沟，将枝条水平埋入土中（图2-28）；②点埋，开浅沟，水平放条，隔一定距离（20～30厘米），埋一土堆，在土堆处生根；③弓形埋条，把枝条弯曲成弓形，弓背向上，埋入土中，一般用于造林。

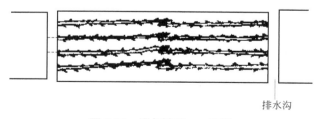

排水沟

图2-28　埋条繁殖——平埋

第三章

大苗培育技术

第一节　大苗移植

一、大苗移植的概念

　　由于幼苗都是先在苗床上育苗，而苗床育苗的密度较大，必须通过移植改善苗木的通风和光照条件，增加营养面积，减少病虫害的发生，培育出符合要求的苗木。在苗圃中将苗木更换育苗地的继续培养叫移植，凡经过移植的苗木统称为移植苗。目前城市绿化及企事业单位、旅游景区、公路、铁路、学校、社区、街道等的绿化美化中几乎都采用的是大规格苗木，如图3-1所示。因此，根据市场需要，园林苗圃出圃的苗木都是大苗，图3-2、图3-3即是育有大苗的苗圃。大苗的培育需要至少两年的时间，在这个过程中，所育小苗需要经过多次的移栽、精细的栽培管理、整形修剪等措施，才能成长为符合规格和市场需要的各个类型的大苗。

图 3-1　大苗绿化街道效果

图 3-2　大苗苗圃

图 3-3 银杏大苗苗圃

二、大苗移植的时间、次数和密度

1. 移植时间

苗木移植时间应视苗木类型、生长习性及气候条件而定。

（1）春季移植。大多数树种一般在早春移植，此时也是主要的移植季节。因为这个时期树液刚刚开始流动，枝芽尚未萌发，苗木蒸腾作用很弱，移植后成活率高。春季移植的具体时间应根据树种的生物学特性及实际情况确定，萌动早的树种宜早移，发芽晚的可晚些。

（2）夏季移植。常绿树种，主要是针叶树种，可以在夏季进行移植，但应在雨季开始时进行。移植最好在无风的阴天或降雨前进行。

（3）秋季移植。秋季移植应在冬季气温不太低，无冻霜和春旱危害的地区应用，在苗木地上部分停止生长后即可进行。此时地温高于气温，根系伤口愈伤快，成活率高，有的当年能产生新根，第2年缓苗期短，生长快。

2. 移植次数

苗木移植次数取决于该树种的生长速度和对苗木规格的要求。园林上用的阔叶树种，在播种或扦插一年后进行第一次移植，以后根据生长快慢和株行距大小，每隔 2～3 年移植一次，并相应地扩大株行距。目前各生产单位对普通的行道树、庭荫树和花灌木用苗只移植二次，在大苗区内生长 2～3 年，苗龄达到 3～4 年即行出圃。而对重点工程或易受人为破坏地段或要求马上体现绿化效果的地方所用的苗木则常需培育 5～8 年，甚至更长，因此必须移植两次以上。对生长缓慢、根系不发达，而且移植后较难成活的树种，如银杏，可在播种后第3 年开始移植，以后每隔 3～5 年移植一次，苗龄 8～10 年，甚至更大一些方可出圃。

3. 移植密度

大苗移植密度应根据树种生长的快慢、苗冠大小、育苗年限、苗木出圃的规格以及苗期管理使用的机具等因素综合考虑。如果株行距过大，既浪费土地，产苗量又低；如果株行距过小，则不仅不利于苗木生长，还不便于机械化作业。一般情况下，针叶树小苗的移植行距应在 20 厘米左右，速生阔叶树苗的行距应在 50～100 厘米。株距要根据计划产苗数和单位面积的苗行长度加以计算确定。

三、大苗移植的方法及培育技术

1. 大苗移植的方法

移植可分为裸根移植和带土球移植两类。裸根移植通常用于小苗或易成活的大苗；根系少、移植难以成活的或苗龄较大的树种则应带土球移植，以提高其成活率。裸根移植时应将根系舒展于穴中，勿使卷曲，然后覆土压实，使根系与土壤密接。带土球移植的，土球的规格大小与树木株高、树径有关，大苗移植时，一般土球为胸径的 8～10 倍。如土球在 30 厘米以下的，则可用塑料薄膜包裹运输，栽植时拆除包装物；土球较大的要用蒲包、草绳将苗木根部捆扎，栽植时剪断草绳、拆除蒲包，然后填土于土球四周并捣实、压实，不要压碎土球，以免影响成活和恢复生长。移植的深度一般比原土痕深 1～2 厘米。

大部分落叶树大苗可裸根移植（图 3-4）。裸根移植的苗木，如运输过程中失水，要先用清水浸根 1～2 天，中间换水一次，然后修平根上的伤口，沾浆后栽植。泥浆是用 0.3% 的过磷酸钙和 200 毫克/升的 ABT 3 号生根粉水溶液加入风化的黏土搅拌而成。针叶树、常绿阔叶树、难生根的落叶阔叶树的大苗及落叶树种的大树，移植时需带土球（图 3-5）。

图 3-4　裸根移植

图 3-5　带土球移植

2. 大苗培育技术

（1）修剪。在大苗移植前要对地下、地上部分进行适当修剪。地上部分主要除去徒长枝、交叉枝、病虫枝及过密枝，不是万不得已不锯掉较大的树枝，大树修剪量一般为 1/5～1/3。但在夏季高温时期进行移植时，为减少蒸腾消耗，可适当进行短截、缩截等，修剪程度要达到 1/3 ～ 1/2。地下部分主要是剪去过长的和劈裂的根系，若根系过长则栽植时容易窝根，而太短又会降低苗木成活率和生长量，一般根系长度应在 12 ～ 15 厘米。苗木修剪后，为防止水分养分流失、对伤口进行消毒以及加速愈伤组织形成，枝干截面要立即蜡封或涂上伤口涂补剂。目前多采用伤口涂补剂，用刷子涂抹均匀即可。

（2）苗木的包装、运输及假植。移植规格较大的带土球树木可用草包、麻袋、尼龙袋等软质材料包装。在包装过程中，注意要把苗木根对根放在包装材料上，并在根间加湿润物。当苗木的质量达到约50千克时，要将苗木卷成捆，用绳子捆住，捆时不要太紧，以利于通透空气（图3-6）。苗木的运输要迅速及时，苗木如不能及时定植时，必须设法将苗木进行假植，以防止苗木根系失水或干枯从而丧失生命力。假植时使苗向背风方向倾斜，用湿润的土壤将苗木埋于土中，并用脚踩实，使根与湿土紧密接触，为防止透风，埋土厚30 ～ 40厘米，苗木在假植期间，应注意经常浇水、看管，一般针叶树采用全埋法，即将苗木全埋入土中；阔叶树一般要埋全苗的2/3。

(a) 单股单轴　　　(b) 单股双轴　　　(c) 双股双轴

图 3-6　土球包扎法

（3）栽植。栽植穴的深度要比土球纵径大10 ～ 15厘米，穴的大小比土球横径大30 ～ 40厘米。栽植前先往穴中灌水到穴深的3/4，然后加入表土，用锹搅拌成粥状，再把土球移到穴中间，扶正，稍停十几分钟，让泥浆浸入在装运过程中可能散裂的土球裂缝中，让水浸入土球中，之后剪断草绳，使其散落在土球与穴壁之间的泥浆中，封土后浇一遍透水。树体高大的还要在四周设支柱或用绳子固定树体，以防被风吹倒。裸根苗栽植时，埋土到一定深度后，应将苗木轻轻向上提拉，然后边埋边提2 ～ 3次到苗木深度合适而止，再将坑土踩实、浇水；带土球苗栽植时，需先量好坑的深度与土球的高度是否一致，回填土要随填随踩实，但不得砸土球（图3-7）。

人工栽植的方法有穴植法和沟植法。穴植法是按照事先确定的株行距定出栽植点，挖穴后栽植，因此适于较大的苗木。沟植法是按照行距开放植沟，然后按一定密度均匀栽植于沟内，因此适于小苗的移植。

图 3-7　桂花带土球栽植

（4）提高成活率的辅助措施

① 采用树盘覆膜。大苗移植后可在3月初用地膜覆盖树盘，覆膜范围要大于根系水平分布范围，这样有利于减少树盘内水分蒸发，提高地温，加快根系伤口的愈合和新根产生。

② 树干包膜。春季2～3月间，将新栽植的大苗用宽10～15厘米的地膜从下到上全部缠严。这样，地上部分处于高温高湿的环境，失水速度较慢，有利于长期保持树体原有水分，为根系伤口的愈合和新根的产生赢得时间。

③ 树冠喷水。常绿树种移植时往往要保留大量枝叶，地上部分失水快，而地下部补充水分较慢，造成水分失衡。为了减缓地上部分失水，可在每天10点至16点往树冠上喷水几次，也可喷一次防蒸腾剂（如石蜡乳剂等），以维护树体水分平衡。

第二节　大苗苗圃的管理

一、灌溉与排水

（一）灌溉方式

（1）沟灌。沟灌一般应用于高床和高垄作业，是将水从沟内渗入床内或垄中。此法水分由沟内浸润到土壤中，床面不易板结，灌溉后土壤仍有良好的通气性能，但是渠道占地多，灌溉定额不易控制，耗水量大，灌溉效率较低，占有工作道（图3-8）。

(a) 垄作沟灌

(b) 膜下沟灌

图 3-8　沟灌

（2）畦灌。畦灌是低床育苗和大田育苗常用的灌溉方法，又叫漫灌。水不能淹没苗木叶片，以免影响苗木呼吸和光合作用。该方法灌溉时容易破坏土壤结构，易使土壤板结，水渠占地较多，灌溉效率低，需要劳力多，而且不易控制灌水量，但是较沟灌省水（图3-9）。

图 3-9　漫灌

（3）喷灌。喷灌是喷洒灌溉的简称，又叫人工降雨。该法便于控制灌溉量，并能防止因灌水过多使土壤产生次生盐渍化，减少渠道占地面积，能提高土地利用率，土壤不板结，能防止水土流失。且该法工作效率高，节省劳力，所以它是效果较好、应用较广的一种灌溉方法。但是灌溉需要的基本建设投资较高，受风速限制较多，在3～4级以上的风力影响下，喷灌不均，且因喷水量偏小，所需时间会很长（图3-10）。

图 3-10　喷灌

（4）地下灌溉。地下灌溉是将灌水的管道埋在地下，水从管道通过土壤的毛细管作用上升到土壤表面，是最理想的灌溉方法。但是设备较复杂，前期投入太大，目前生产上应用的不多，除非有特殊需求的圃地或苗木（图3-11）。

图 3-11　地下灌溉

（二）苗圃不同季节的灌溉与排水

1. 春季苗圃的灌溉与排水

进入春季，气温开始回升，雨水增多，病虫害开始萌动，一些感温性强的苗木也开始萌芽，因此，应根据这些情况，及时加强对苗圃的早春水分管理。春季雨多和地势低洼的苗圃，一旦土壤含水量过多，不仅会降低土温，且通透性差，严重影响苗木根系的生长，严重时还会造成苗木烂根死苗，影响苗木回暖复苏。因此，进入春季，应在雨前做好苗圃地四周的清沟工作；没有排水沟的要增开排水沟，已有的还可适当加深，做到明水能排，暗水能滤，雨后苗圃无积水；尤其是对一些耐旱苗木，更应注意水多时要立即排水，防止地下水位的危害；要对苗圃地进行一次浅中耕松土，并结合撒施一些草木灰，起到吸湿增温的作用，促进苗木生长发育。

2. 夏季苗圃的灌溉与排水

夏季在天气干旱时要及时灌溉，总体来讲，苗木速生期前期需要充足的水分，尤其是观花苗木的开花期和观果苗木的幼果期不能缺水，并且灌溉要采取多量少次的办法。每次灌溉要灌透、灌匀，注意防止浇半截水。在苗木生长后期，除特别干旱外，一般不需灌溉。植株根系的生长也需要一定的氧气，水分管理需遵循干湿交替的原则，干湿交替既可以给苗木供应充足水分，又可以供应足量氧气。一般苗木均属于旱地植物，根区土层含水量达到田间最大持水量 80% 以上时，植株就会发生缺氧现象。水分越多、时间越长，植株受害就越严重。

夏季雨水较多，应注意及时排积水防涝。涝害产生的原因并不在于水分本身，因为植物在溶液中是能正常生长的。涝害之所以产生，是因为土壤缺乏氧气和二氧化碳浓度过高，进而阻碍植物吸水，时间较长就会形成无氧呼吸，使根系中毒。植株受涝表现为失水萎蔫，叶及根部均发黄，严重时干枯死亡。所以积水对苗木造成的伤害要比流动性水的伤害大得多，排除积水是防涝的关键。

3. 秋季苗圃的灌溉与排水

秋季为促进苗木木质化，应停止灌溉，此时水分过多易引起立枯病和根腐病。因此，在雨季到来时要注意开沟排水。

4. 冬季苗圃的灌溉与排水

苗圃地要及时浇冻水，冻水要浇大浇透，使苗木吸足水分，增加苗木自身的含水量，防止因冬季大风干燥而致使苗木失水过多，影响造林发芽率和成活率。时间可安排在上午 10 点至下午 4 点之间，有利于土壤渗水吸收。灌溉用水，以软水为宜，尽量避免使用硬水，最好是河水，其次是池塘水和湖水。若要用井水，最好先抽出贮于池内，待水温升高后使用，否则因水温较低，对植物根系生长不利。河沟的水富含养分，水温亦较高，适合用于灌溉。

二、整形修剪

（一）常用修剪方法

1. 短截

短截是剪去一年生枝的一部分，根据修剪量的多少可分为四类：轻短截、中短截、重短截和极重短截。短截一年四季都可进行。

（1）轻短截：减去少量枝段。

（2）中短截：在春梢中上部饱满芽处短截。

（3）重短截：春梢中下部短截。

（4）极重短截：极重短截是只留枝条基部2～3芽的剪截。

短截方式不同修剪反应也不同。修剪量越大，对树体的刺激量越大，修剪反应越强，不同程度短截修剪后的反应如图 3-12 所示。

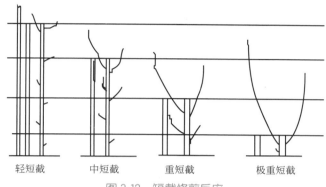

图 3-12 短截修剪反应

2. 回缩

回缩是剪去多年生枝的一部分。通常用于多年生枝的更新复壮或换头，于休眠期进行（图 3-13）。

图 3-13 缩剪延长枝

3. 疏枝

将枝条由基部剪去称之为疏枝。根据疏去枝条量的多少分为轻疏、中疏和重疏。轻疏指疏枝占全部枝条的 10%；中疏指疏枝占全部枝条的 10%～20%；重疏指疏枝占全部枝条的 20% 以上（图 3-14）。

图 3-14 枝条的疏除

4. 摘心

摘心为摘除枝端的生长点，可以起到延缓、抑制生长的作用，强枝摘心可以抑制顶端优势，促进侧芽萌发生长。生长季节可多次进行，可用手摘除图 3-15 中的顶芽 1 和顶芽 2。

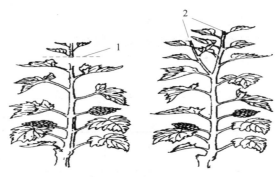

图 3-15　摘心

5. 辅助修剪措施

除了以上 4 种主要修剪方法外，常用的辅助修剪有除萌去蘖、长放、环剥、环割、刻伤、扭梢和拿枝等。

（二）大苗的整形修剪

1. 乔木类大苗的整形修剪

有明显顶芽的乔木，移植后不应剪去主梢，修剪宜轻；而顶芽萌芽力差的乔木，移植后必须将主梢剪去 20 ～ 30 厘米，选择饱满芽留在剪口下，促使发芽发育成延长的主干。对主干出现的竞争枝，应剪短或疏除；主干不高的树种，移植后应多留枝叶，先养好根系，在第二年冬季剪截主干，加强肥水管理，培育出直立的主干（图 3-16）。

(a) 塔形　　　　　　(b) 开心形　　　　　　(c) 中央主干形

图 3-16　乔木类常用整剪方式

2. 花灌木大苗的整形修剪

灌木修剪多修剪成高灌丛型、独干型、篱架式造型、丛状型、自然开心型、宽冠丛状型等（图 3-17）。移植后主要采用的修剪方法是：第一次移植时，重截地上部分，只留 3 ～ 5 个芽，促其多生分枝，以后每年疏除枯枝、过密枝、病虫枝、受伤枝等，并适当疏、截徒长枝，对分枝力弱的灌木，每次移植时要重剪，促其发枝。

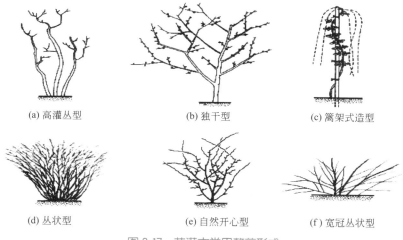

(a) 高灌丛型   (b) 独干型   (c) 篱架式造型

(d) 丛状型   (e) 自然开心型   (f) 宽冠丛状型

图 3-17 花灌木常用整剪形式

3. 藤本类大苗的整形修剪

藤本类大苗常按设计要求有多种整形方式，如棚架式、凉廊式、篱架式、支架式、悬崖式等（图 3-18）。苗圃整形修剪的主要任务是养好根系，并培养一至数条健壮的主蔓，方法是重截或贴地面回缩。

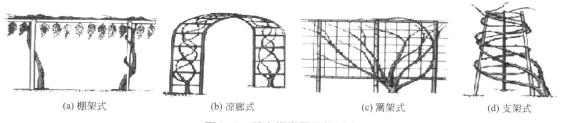

(a) 棚架式   (b) 凉廊式   (c) 篱架式   (d) 支架式

图 3-18 藤本类常用整剪形式

4. 绿篱及特殊造型的大苗整形修剪

绿篱灌木可从基部大量分枝，形成灌丛，为方便定植后进行多种形式的修剪，应至少重剪两次。为使园林绿化丰富多彩，除采用自然树型外，还可利用树木的发枝特点，通过不同的修剪方法，培育成各种不同的形状。如梯形、扇形、圆球形等（图 3-19）。

图 3-19 绿篱整剪形式

三、大苗苗圃的土肥管理

（一）肥料管理

1. 苗圃常用的肥料种类及性质

（1）有机肥料。常见的有机肥料有堆肥、厩肥、绿肥、草炭、腐殖质肥料、人粪尿等。有机肥含有多种元素，又称为完全肥料，含有大量的有机质，改良土壤的效果最好。

（2）无机肥料。无机肥料又叫矿物质肥料，常见的以氮肥、磷肥、钾肥三大类为主，此外还有铁、硼、锰、硫、镁等微量元素肥料，例如尿素、硝酸铵、硫酸铵、过磷酸钙、硫酸钾等。无机肥料的肥分单一，连年单纯地使用无机肥易造成苗圃土壤板结、坚硬，一般在生产中用作追肥。

（3）生物肥料。生物肥料是利用土壤中存在着一些对植物生长有益的微生物，如细菌肥料、根瘤自菌、固氮细菌、真菌肥料（菌根菌）以及能刺激植物生长并能增强抗病力的抗生菌等，将它们分离出来制成所需要的微生物肥料。

2. 施肥方式

施肥方式有基肥、种肥、追肥等。基肥是在花木播种或定植前，结合翻地施入土中的肥料。一般的有机肥料如人畜粪便、堆肥、饼肥等可看作基肥。通常我们所说的底肥是将有机肥、无机或生物肥料混合施用的肥料。基肥、底肥一般于秋季结合耕作施用，省工省时且翌春花木生长效果好。一般情况下，每亩❶施人畜粪（通常施牛粪）2500～3000 千克，厩肥为 3000～3500 千克，饼肥为 150～200 千克。追肥是在植株生长期间施入的肥料，根据土壤肥力和植株生长发育的特点而定。追肥可条施、穴施、撒施。追肥的施用量浓度要适宜，若浓度过小，吸收量小，对植株的肥效低；若浓度过大，会烧伤叶片，影响植株正常生长。一般来讲，尿素施用浓度幼苗期为 0.1%～0.2%，壮苗期为 0.3%～1%；磷酸二氢钾施用浓度为 0.1%～0.3%；硼砂施用浓度为 0.1%～0.3%（图3-20）。

图 3-20　机械追肥和人工追肥

（二）中耕除草

第一年中耕除草 5～6 次，第二年 4 次，第三年 3 次，第四年起每年 1～2 次；中耕除

---

❶　1 亩 = 666.7 米^2。

草深度要达到 15 厘米（图 3-21）。

图 3-21　中耕除草

（三）病虫防治

食根害虫可用呋喃丹颗粒剂施入土层中进行防治，或用毒饵诱杀；食叶害虫可喷施敌百虫等杀虫剂；侵染性病害应在移植前进行土壤消毒，发病前喷施波尔多液进行保护，发病后喷施代森锌、敌克松等杀菌剂进行治疗（图 3-22）。

图 3-22　喷施农药

（四）切根处理

对于 5～6 年生大苗必须在起苗前 1～2 年进行切根处理，促进其须根生长，从而提高定植成活率。切根一般于春季或秋季进行，应切断苗木基径 5 倍以外的根系，挖切深度为苗木基径的 2 倍，宽度为基径的 1～2 倍，可挖成方形或圆形，挖后覆填松土。

第四章

现代新技术育苗

随着社会的发展，传统育苗技术在很大程度上已经不能满足市场对苗木种类和数量上的需要。这样，各种新的育苗技术应运而生。它们克服了传统育苗方法在繁殖系数、栽培方法、病虫害控制等方面的不足，逐渐成为育苗方法的中坚力量来满足社会对苗木的大量需求。

第一节 组织培养育苗

一、植物组织培养的基本概念

植物组织培养是指在无菌和人工控制的环境条件下，利用适当的培养基，对脱离母体的植物器官、组织、细胞及原生质体进行人工培养，使得其再生形成细胞或完整植株的技术。

概念中所指的无菌指的是组织培养所用的培养器皿、器械、培养基、培养材料以及培养过程都处于没有真菌、细菌、病毒的状态；人工控制的环境条件指的是组织培养的材料都生活在人工控制好的环境条件中，其中的光照、温度、湿度、气体条件都是人工设定的；而培养的植物材料已经与母体分离，处于相对分离的状态。

根据其培养所用的材料（即外植体）的不同，把植物组织培养分为组织培养、器官培养、胚胎培养、细胞培养和原生质体培养，前两者在育苗生产上普遍采用，后三者目前主要应用于科研领域。

植物组织培养作为新的植物育苗技术，主要特点是利用微生物学的实验手段来操作植物脱离母体的器官或组织等。这一特点具体体现在以下几个方面：①组织培养的整个操作过程都是无菌状态；②组织培养中培养基的成分是完全确定的，不存在任何的未知成分，其中包括了大量元素、微量元素、有机元素、植物生长调节物质、植物生长促进物质、有害或悬浮物质的吸附物质等；③外植体可以处于不同的水平下，但都可以再生形成完整的植株；④组织培养可以连续继代进行，形成克隆体系，但会造成品质退化；⑤植物材料处于完全异养状态，生长环境完全封闭；⑥生长环境完全根据植物生物学特性人为设定。

二、组织培养实验室的构成以及主要的仪器设备

（一）组织培养实验室的构成

组织培养要在组织培养实验室内部完成所有的带菌和无菌操作，这些基本操作包括：各种玻璃器皿等的洗涤、灭菌；培养基的配制、灭菌；接种等。通常组织培养实验室包括准备室、无菌操作室、培养室以及温室等，细分还必须包括药品室、解剖室、观察室、洗涤室等。

1. 准备室

准备室主要用来完成一些基本操作，比如实验常用器具的洗涤、干燥、存放；培养基的配制和灭菌；常规生理生化分析等。准备室还存放有常用的化学试剂、玻璃器皿、常用的仪器设备（冰箱、灭菌锅、各种天平、烘箱、干燥箱等）。准备室还要准备大的水槽等用于器皿等的洗涤，准备制备蒸馏水的设备，还有显微镜等观察设备等。此外，准备室必须有足够大的空间，足够大的工作台。

2. 无菌操作室

无菌操作室主要用于进行植物材料的消毒、接种以及培养物的继代培养、转移等。此部分内部要求配备超净工作台、空调等。无菌操作室要根据使用频率进行不定期消毒，一般采用熏蒸法，即利用甲醛与高锰酸钾反应可以产生蒸汽进行熏蒸，用量为每平方米 2 毫升，也可以在无菌操作室安装紫外灯，接种前开半小时左右进行灭菌。需注意的是，工作人员进入操作室时务必要更换工作服，避免带入杂菌，务必保持操作室的清洁。

3. 培养室

培养室主要用于接种完成材料的无菌培养。培养室的温度、湿度都是人为控制的。温度通过空调来调控，一般培养温度在 25℃ 左右，也和培养材料有关系，光周期可以通过定时器来控制，光照强度控制在 2500～6000 勒克斯，每天光照时间在 14 小时左右。培养室的相对湿度控制在 70%～80%，过干时可以通过加湿器来增加湿度，过湿时则可以通过除湿器来降低湿度。此外，培养室还要放置培养架，每个一般由 4～5 层组成，每层高 40 厘米，宽 60 厘米，长 120 厘米左右。

4. 温室

在条件允许的情况下，可以安排配备温室，主要用于培养材料前期的培养以及组培苗木的炼苗。图 4-1 为组织培养实验室的构成及其主要功能。

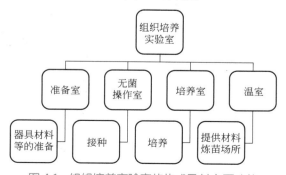

图 4-1 组织培养实验室的构成及其主要功能

（二）组织培养常用的仪器设备

1. 器皿器械类

常用的培养器皿有试管、三角瓶、培养皿、果酱瓶等，根据培养目的和方式以及价格进行有目的地选择。选择试管主要用于培养基配方的筛选和初代培养；三角瓶主要用于培养物的生长，但是价格相对较贵；培养皿主要用于滤纸的灭菌及液体培养。目前生产上常用的培养器皿主要以罐头瓶为主。

常见的器械类设备有接种用的镊子、剪刀、解剖针、解剖刀和酒精灯等；绑缚用的纱布、棉花；配制培养基用的刻度吸管、滴管、漏斗、洗瓶、烧杯、量筒；还包括牛皮纸、记号笔、电炉（现多为电磁炉）、pH 试纸等。

2. 仪器设备类

常见的仪器设备有天平（感量分别为 0.1 克、0.01 克、0.001 克）、超净工作台（图 4-2）、灭菌锅（图 4-3）、冰箱、离心机（图 4-4）、光学显微镜、放大镜、照相机、水浴锅、转床、摇床等。

(a) 单人超净工作台　　　　　　　　　　(b) 双人超净工作台

图 4-2　超净工作台

图 4-3　立式高压蒸汽灭菌锅　　　　　　　图 4-4　离心机

三、培养基的组成及配制

（一）培养基的组成

培养基是决定植物组织培养成败的关键因素之一。常见的培养基主要有两种，分别是固体培养基和液体培养基，二者的区别在于是否加入了凝固剂。培养基的构成要素包括：

（1）水分。水分为生命活动的物质基础，培养基的绝大部分物质为水分，实验研究中常用的水为蒸馏水，而最理想的水应该为纯水，即二次蒸馏的水。生产上，为了降低成本，可以用高质量的自来水或软水来代替。

（2）无机盐类。植物在培养基中吸收的大量元素和微量元素都是来自培养基中的无机盐。在培养基中，提供这些的无机盐主要有硝酸铵、硝酸钾、硫酸铵、氯化钙、硫酸镁、磷酸二氢钾、磷酸二氢钠等，不同的培养基配方当中其含量各不相同。

（3）有机营养成分。有机营养成分包括：①糖类物质，主要用于提供碳源和能源，常见的有蔗糖、葡萄糖、麦芽糖、果糖；②维生素类物质主要用于植物组织的生长和分化，常用的维生素有盐酸硫胺素、盐酸吡哆醇，烟酸、生物素等；③氨基酸类物质，有助于外植体的生长以及不定芽、不定胚的分化，常见的有甘氨酸、丝氨酸、谷氨酰胺、天门冬酰胺等。

（4）植物生长调节物质。植物生长调节物质在培养基中的用量很小，但是其作用很大。它不仅可以促进植物组织的脱分化和形成愈伤组织，还可以诱导不定芽、不定胚的形成。最常用的有生长素和细胞分裂素，有时也会用到赤霉素和脱落酸。

（5）天然有机添加物质。香蕉汁、椰子汁、土豆泥等天然有机添加物质，有时会有良好的效果。但是这些物质的重复性差，并且会因高压灭菌而变性，从而失去效果。

（6）pH。培养基的 pH 也是影响植物组织培养成功的因素之一。pH 的高低应根据所培养的植物种类来确定，pH 过高或过低，会导致培养基变硬或变软。在生产或实验中，常用氢氧化钠或盐酸进行调节。

（7）凝固剂。要进行固体培养，需在培养基中加入凝固剂。常见的有琼脂和卡拉胶，用量一般在 7 ～ 10 克 / 升之间。前者在生产中常用，后者透明度高，但价格贵。

（8）其他添加物。有时为了减少外植体的褐变，需要向培养基中加入一些防褐变物质，如活性炭、维生素 C 等。还可以添加一些抗生素物质，以此来抑制杂菌的生长。表 4-1 为常用的培养基——MS 培养基的配方。

表 4-1　MS 培养基配方

	成分	分子量	使用浓度 /（毫克 / 升）
大量元素	硝酸钾　KNO_3	101.11	1900
	硝酸铵　NH_4NO_3	80.04	1650
	磷酸二氢钾　KH_2PO_4	136.09	170
	硫酸镁　$MgSO_4 \cdot 7H_2O$	246.47	370
	氯化钙　$CaCl_2 \cdot 2H_2O$	147.02	440

续表

成分	分子量	使用浓度 /（毫克 / 升）
微量元素 碘化钾　KI	166.01	0.83
硼酸　H_3BO_3	61.83	6.2
硫酸锰　$MnSO_4 \cdot 4H_2O$	223.01	22.3
硫酸锌　$ZnSO_4 \cdot 7H_2O$	287.54	8.6
钼酸钠　$Na_2MoO_4 \cdot 2H_2O$	241.95	0.25
硫酸铜　$CuSO_4 \cdot 5H_2O$	249.68	0.025
氯化钴　$CoCl_2 \cdot 6H_2O$	237.93	0.025
铁盐 乙二胺四乙酸二钠 EDTA-2Na	372.25	37.3
硫酸亚铁　$FeSO_4 \cdot 7H_2O$	278.03	27.8
有机成分 肌醇		100
甘氨酸		2
盐酸硫胺素		0.1
盐酸吡哆醇		0.5
烟酸		0.5
蔗糖	342.31	30
琼脂		7

（二）培养基的配制

1. 母液的配制

配制培养基时，如果每次都分别称量各种无机盐和维生素的话，因为称取的量很小，很容易造成大的误差，而且也很麻烦。为了避免这些情况的发生，减少工作量，减小误差，最简单的方法是预先配制好不同组分的培养基母液。

通常母液的浓度为培养基浓度的 10 倍、100 倍或更高。无机盐类的母液可以在 2 ～ 4℃的冰箱中保存，维生素等有机营养元素的母液要在冷冻箱内保存，使用前取出来。

母液配制时应该把那些钙离子与硫酸根离子放在不同的母液中，以避免发生沉淀。配制母液的数量可以根据实际情况而定，如 MS 培养基可以配制三液式、四液式或五液式等。一般来讲，有机营养成分、大量元素、微量元素分别配制成一个母液，铁盐、钙盐为单独的母液。表 4-1 是 MS 培养基母液的配制方法，可以在实际生产中借鉴使用。

2. 培养基的配制步骤

一般来讲，任何一种培养基的配制步骤都是大致相同的，具体操作如下：

（1）将配制好的母液取出来按顺序摆放好；

（2）取一只大小足够的烧杯，放入要配制培养基约1/3的水，然后将母液按顺序加入，并不断搅拌，使其溶解；

（3）加入植物生长调节物质、蔗糖、有机添加物质、琼脂，溶解完全之后，用容量瓶定容；

（4）调整pH值；

（5）分装到培养容器中；

（6）用高压蒸汽灭菌锅灭菌。

四、组织培养的操作程序

1. 启动培养

这个阶段的任务是选取母株和外植体进行无菌培养，以及外植体的启动生长，以促进离体材料在适宜的培养环境中以某种器官发生类型进行增殖。该阶段是植物组织培养能否成功的重要一步，因此选择母株时要选择性状稳定、生长健壮、无病虫害的成年植株；外植体可以选择采用茎段、茎尖、顶芽、腋芽、叶片、叶柄等。

外植体确定以后，进行灭菌。灭菌时可以选择用次氯酸钠（1%）、氯化汞（0.1%～0.2%）灭菌，时间控制在10～15分钟，清水冲洗3～5次，然后接种。

2. 增殖培养

对启动培养形成的无菌物进行增殖，不断分化产生新的丛生苗、不定芽及胚状体。不同种植物采用哪种方式进行快速繁殖（简称快繁），既取决于培养目的，也取决于材料自身的可能性，可以是通过器官发生、通过不定芽发生、通过胚状体发生，也可以通过原球茎发生，图4-5所示为增殖培养的组培瓶苗。增殖培养时选用的培养基和启动培养有区别，基本培养基同启动培养相同，不同的是细胞分裂素和矿质元素的浓度水平高于启动培养。

3. 生根培养

第二阶段增殖的芽苗有时没有根，这就需要将单个的芽苗转移到生根培养基或适宜的环境中诱导生根，如图4-6所示。这个阶段的任务是为移栽作苗木准备，此时基本培养基相同，但需降低无机盐浓度，减少或去除细胞分裂素，增加生长素的浓度。

图4-5 试管苗增殖培养

图4-6 试管苗生根培养

图 4-7　试管苗的移栽驯化

4. 移栽驯化

此阶段的目的是驯化试管苗从异养转变为自养，其是一个逐渐适应的过程。此时需要对试管苗进行炼苗，使植株适应外界环境条件，生长粗壮，并且打开瓶口，降低湿度，再有一个适应的过程。炼苗结束后，取出试管苗，首先洗去小植株根部附着的培养基，避免微生物的繁殖污染，造成小苗死亡，然后将小苗移栽到人工配制的混合培养基质中，如图 4-7 所示。基质要选择保湿透气的材料，如蛭石、珍珠岩、粗沙等，如兰花移栽时要选择草苔藓等。

五、组织培养的应用领域

植物组织培养研究领域的形成，首先丰富了生物学科的基础理论，还在实际生产中表现出了巨大的经济价值，显示了植物组织培养的无穷魅力。

1. 植物离体快速繁殖

该技术是植物组织培养在生产上应用最广泛、产生经济效益最大的一项技术。利用离体快速繁殖技术进行苗木繁殖，其繁殖系数大，速度快，可以全年不间断生产，实现一个单株苗木一年繁殖到百万株。尤其对于不能用种子繁殖的一些名优植物以及那些脱毒苗、新引进品种、稀缺品种、优良单株等，都可以采用离体繁殖的方法进行，其比常规方法快数万倍。比如一株葡萄，一年可以繁殖三万多株；一个草莓的顶芽，一年可以繁殖 10^8 个芽。

国内进入工厂化生产的有香蕉、桉树、葡萄、苹果、草莓、非洲菊等，如图 4-8 所示为组织培养室。

图 4-8　组织培养室

2. 脱毒苗培育

无性繁殖植物都会产生退化现象，原因是病毒在体内积累，会影响其生长和产量，对生产造成极大的损失。然而，病毒在植物体内的存在并不是均匀的，比如植物生长点附近的病毒浓度很低或是没有，因此我们可以利用植物的这一特点进行无病毒苗木培育。利用组织培养的方法，取一定大小的茎尖进行培养，利用无性繁殖方法的特点，再生的完整植株就可以脱除病毒，从而获得脱毒苗。利用脱毒苗种植的作物就不会或极少发生病毒危害，而且苗木长势好且一致。

3. 植物种质资源的离体保存

种质资源的离体保存是指对离体培养的小植株、器官、组织、细胞或原生质体等材料，采用限制、延缓或使其停止生长的处理使之保存下来，在需要时根据自身特性可以重新让它恢复生长并再生植株的方法。其可以采用冷冻保存或超低温保存等。

4. 新品种的培育或新物种的创制

应用组织培养技术的理论和技术，可以加速育种进程。原生质体的融合，可以克服有性杂交不亲和性，从而获得体细胞杂种，创制出新物种，这是组织培养应用中很诱人的一面。也可以在选育过程中，通过辐射选择突变体，再利用突变体进行繁殖获得新物种。

5. 人工种子

植物离体培养中产生的胚状体或不定芽被包裹在含有养分和保护功能的人工胚乳和人工种皮中，从而形成具有发芽能力的颗粒体，如图 4-9 所示。人工种子结构完整，体积小，便于贮藏；并且不受季节和环境条件的限制，有利于工厂化生产。

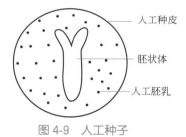

图 4-9　人工种子

6. 次生物质代谢

利用组织或细胞的大规模培养，可以生产人类需要的一些天然有机化合物，如蛋白质、脂肪、糖类、生物碱等活性化合物，这就减少了合成这些物质的时间。

第二节　无土栽培育苗

一、无土栽培及其特点

（一）无土栽培的概念

所谓的无土栽培，指的是不用天然土壤，而是用营养液或固体基质加营养液栽培作物的方法。其中的固体基质或营养液代替传统的土壤向植物体提供良好的水、肥、气、热等根际环境条件，使得植物体完成整个生长过程。

无土栽培从实验室研究开始到现在，经历了 160 多年的历史。在商品化应用的过程中，它从基本模式（图 4-10）逐渐进步，演变成了现在各种各样的栽培方式。很多人从不同的角度对其进行了系统分类，目前最常用的分类方法如图 4-11 所示。

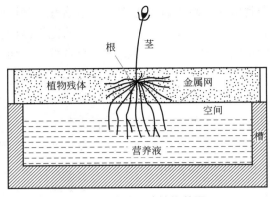

图 4-10　格里克的水培植物装置

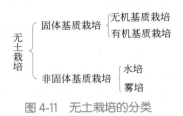

图 4-11　无土栽培的分类

（二）无土栽培的特点

1. 广泛性

无土栽培与传统的土壤栽培相比，更具有广泛性，它在大范围、小范围内都可以进行，不受环境条件的限制，可以利用沙漠、荒地等，也可以利用江、河、湖、海等水面栽培；可以利用屋顶、阳台，也可以进行大规模工厂化生产。

2. 可控性

无土栽培方法有利于人工调控植物生长所需的水、基质、环境、营养成分之间的关系，为植物体的生长提供更优越的条件。无土栽培通过多种学科、多种技术的融合，可以利用现代化的仪器（图 4-12）、仪表、操作机械，按照人的意志进行生产，其属于可控环境农业，可以极大地推进我国农业现代化的进程。

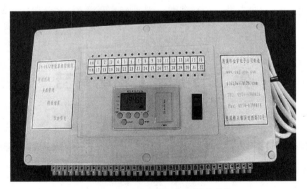

图 4-12　无土栽培灌溉控制仪

3. 节约性

无土栽培避免了土壤灌溉造成的水分、养分的流失和渗漏，避免了土壤微生物的固定吸收，水分和营养物质可以充分地被植物吸收利用，利用率明显得到了提高。无土栽培的耗水量仅为传统土壤栽培的 1/10 ～ 1/4，可以大量节约水资源，尤其对于干旱缺水地区更具有推广价值。

但是，无土栽培也有缺点。它是农业科学技术发展到一定阶段的产物，其应用要求一定的设备和技术条件，前期投资大，运行成本也高，对技术要求也严格，要求有专门的管理人员从事该操作，尤其是对于营养液的管理。

二、无土栽培的营养液

（一）营养液的组成

营养液是将含有植物生长发育所必需的各种营养元素的化合物和少量为使某些营养元素的有效性更为长久的辅助性材料，按照一定的数量和比例溶解于水中所配制而成的溶液。无论是固体基质栽培还是非固体基质栽培，都需要营养液为植物生长提供所需的水分和养分。所以说，无土栽培能不能成功，关键取决于营养液配方和浓度是否合适。也就是说营养液的配制与管理是无土栽培技术的核心。

无土栽培生产中用于配制营养液的原料主要是水和含有各种营养元素的化合物及辅助物质。

1. 水

不同地区的水质会或多或少地影响到营养液的组成和营养液中某些成分的有效性，严重的会影响到植物的生长。对于水质的要求要比《农田灌溉水质标准》（GB 5084—2005）的要求稍高，但可以低于饮用水的标准，对于水质的要求指标如表 4-2 所示。

表 4-2　营养液中水质的要求指标

水质指标	适宜范围
硬度	15 度
酸碱度（pH）	5.5 ~ 8.5
氯化钠含量	≤ 100 毫克 / 升
溶解氧	≥ 3 毫克 / 升
EC	0.2 ~ 0.4 毫西门子 / 厘米
悬浮物	≤ 10 毫克 / 升

对水中的重金属及有毒物质的含量也有着严格的要求，过量的重金属元素同样会对植物的生长造成恶劣的影响，使得植物重金属中毒，从而对人、畜造成危害。对重金属及有毒物质的要求如表 4-3 所示。

表 4-3　水中重金属及有毒物质含量标准

名称	标准 /（毫克 / 升）	名称	标准 /（毫克 / 升）
汞	≤ 0.001	六六六	≤ 0.02
砷	≤ 0.05	镉	≤ 0.005
氟化物	≤ 3.0	铅	≤ 0.05
硒	≤ 0.02	铬	≤ 0.05

2. 含各种营养元素的化合物

含各种营养元素的化合物按照一定数量和比例溶解在水中配制而成的营养液，其所选用的化合物种类不一样，配制成的营养液浓度和用量也不会相同。常见的化合物，根据其纯度将其分级，可以分为四级，分别是化学试剂（包括保证试剂、分析纯试剂、化学纯试剂）、医用试剂、工业用试剂、农业用试剂。生产中，除微量元素用化学试剂外，其他采用农业用试剂就可以了。

无土栽培营养液中，常需要的化学元素有氮、磷、钾、镁、钙、铁及各种微量元素，它们一般通过以下的原料化合物提供，见表4-4。

表 4-4　常用的原料化合物

化学元素	氮	磷	钾	钙、镁	铁	硼和钼
原料化合物	硝酸钙、硝酸钾、硝酸铵、硫酸铵、尿素等	磷酸二氢铵、磷酸二氢钾、过磷酸钙、磷酸二氢铵、重过磷酸钙等	硫酸钾、氯化钾、磷酸二氢钾等	硝酸钙、氯化钙、硫酸镁、硫酸钙	硫酸亚铁、氯化铁等	硼酸、硼砂、钼酸钠、钼酸钾

3. 辅助物质——螯合剂

凡是2个或2个以上含有孤对电子的分子或离子与具有空的价电子层轨道的中心离子相结合的单元结构的物质，同时具有一个成盐基团和一个成络基团与金属阳离子作用，除了有成盐作用之外还有成络作用的环状化合物称为螯合剂。在无土栽培中，常见的营养液中的螯合剂都由 NaFe-EDTA、Na$_2$Fe-EDTA 提供。

（二）营养液的配制

1. 营养液配方的调整

植物体在不同的生长发育阶段，对于各种营养元素的需求是不一样的。如果在整个生命周期只提供单一配方和浓度的营养液，不能很好地促进植物体的生长，这就要求在配制和使用营养液的过程中不断地对营养液配方进行合理调整。调整时要考虑营养液 pH 的变化、各种元素浓度的变化等。在此过程中，还要注意所选择的营养元素化合物中杂质的含量。

在实际生产中，原料中本物（含量最大的物质）以外的其他元素都作杂质处理，如杂质的量超过了植物体生长对与营养液的要求，则该原料不可用。如某硝酸钾的纯度为98%，但是其含有0.008%的铅杂质，这时就要考虑铅超标的问题。若是要配制1升营养液要消耗1克硝酸钾，则就要带入0.00008克的铅，按表4-3对营养液的要求可知，此时的铅含量已经超过水质标准，则该硝酸钾不可用。所以大量元素化合物中的有害杂质的量，在配制时要经过计算，在营养液的使用过程中要对配方进行适当调整，同时大量元素化合物可以适当提供一定量大小的微量元素到营养液中。

2. 营养液的种类

在实际生产中，为了使用方便，将营养液进行简单分类，常分为原液、母液和工作液，如图4-13所示。

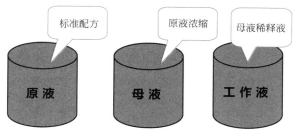

图 4-13 营养液的种类

3. 母液的配制

生产上，为了避免每次配制工作液的繁琐，避免因每次称取的量偏小而造成较大的误差，以及为了减小工作量，常将营养液先浓缩成一定的倍数，配成一定浓度的母液。

配制时，为了防止产生沉淀，不能将配方中的所有化合物放在一起溶解，因为伴随着母液浓度的加大，浓缩后有些离子在一起会产生沉淀，这就要求配制母液时把可能产生沉淀的物质分开溶解。

常见的配方中的化合物一般分为三类，配成的母液分别成为 A 母液、B 母液、C 母液。各母液的浓缩倍数及主要组成物质如图 4-14 所示。

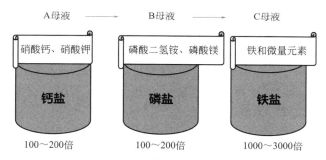

图 4-14 各母液的组成

配制母液时，母液的浓缩倍数一方面要根据配方中各种化合物的用量和溶解度来确定，另一方面应该是容易操作的整数倍。母液的具体配制方法如下。

（1）A 和 B 母液：依据浓缩倍数和体积计算 A、B 中各化合物的用量，依次正确称取，分别放在各自的贮液桶中，肥料按次序依次加入，必须充分搅拌，还需注意要等到前一种肥料充分溶解之后再加入第二种，全部溶解后加水定容。

（2）C 母液：先量取所需配制体积 2/3 的清水，分为两部分，分别放入两个容器中；再分别称取硫酸亚铁和 Na_2Fe-EDTA 到两个容器中，各自溶解，溶解后，将溶有硫酸亚铁的溶液缓慢倒入 Na_2Fe-EDTA 溶液中，边加入边搅拌；然后再称取各种 C 母液中其他的微量元素化合物，分别在小烧杯中溶解，之后加入 Na_2Fe-EDTA 溶液中，边加边搅拌；最后加清水到所需体积。

4. 工作液的配制

利用母液配制工作液时，在加入各种母液的过程中也要防止沉淀的出现。具体的配制方法如下：首先在贮液池中放入配制体积 50% ～ 60% 的水，量取所需 A 母液的用量，倒入，开启水泵循环系统或搅拌器使其扩散均匀；然后再量取 B 母液的用量，缓慢将其倒入贮液池的清水入口处，让水源冲稀 B 母液后带入贮液池，同样开启水泵循环系统使其混合均匀，此时所加水量为总体积的 80% 左右；最后量取 C 母液，依照 B 母液的加入方法加入贮液池中，水泵循环或搅拌均匀，定容至所需体积，即完成工作液的配制，如图 4-15 所示。

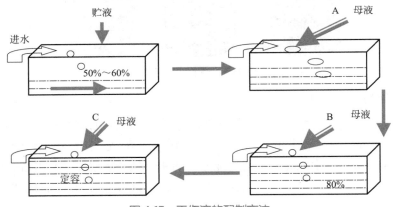

图 4-15　工作液的配制方法

5. 营养液配制的注意事项

（1）长时间储存时，为了防止母液产生沉淀，应将其酸化到 pH3 ～ 4，阴凉干燥处保存，C 母液最好用深色容器储存。

（2）钙盐、磷盐不能同时或者间隔太短加入，应水循环之后再加入。

（3）有沉淀发生时，应延长循环时间。

（三）常见营养液的配方介绍

目前，使用比较广泛的有园试配方、山崎营养液配方、希勒尔营养液配方。如表 4-5 ～表 4-7 所示。

表 4-5　园试配方

肥料名称	用量 /（毫克 / 升）	肥料名称	用量 /（毫克 / 升）
硝酸钙	945	硫酸锰	2.13
硝酸钾	809	硫酸锌	0.22
磷酸二氢铵	153	硫酸铜	0.08
硫酸镁	493	钼酸铵	0.02
硼酸	2.86	螯合铁	20 ～ 40

表 4-6　山崎营养液配方

肥料名称	用量 /（毫克 / 升）	肥料名称	用量 /（毫克 / 升）
硝酸钾	610	磷酸二氢钾	120
硝酸钙	830	螯合铁	20
硫酸镁	500		

表 4-7 希勒尔营养液配方

肥料名称	用量/（毫克/升）	肥料名称	用量/（毫克/升）
磷酸二氢铵	800	硫酸亚铁	15
硝酸钾	1800	硫酸钠	2
硝酸铵	150	硫酸锰	2
磷酸二氢钙	200	硫酸铜	1
硫酸钙	2	硫酸锌	1
硫酸镁	120		

注：该配方中核心成分的比例为 N : P_2O_5 : K_2O=1 : 1 : 1.75。

三、固体基质栽培

无土栽培基质的主要作用是替代土壤、固定植物，其次是最大限度地起到疏松通气、保持水分的作用。基质与营养液是密切接触的，因此不论我们使用的是哪一类基质，都要求其结构在栽植植物过程中基本不能发生改变，对营养液不会发生不适的化学作用及影响。

常见的固体基质分为无机基质、有机基质。现对其进行详细的介绍。

1. 无机基质

无土栽培中常见的无机基质有岩棉、砂、石砾、蛭石、珍珠岩、炉渣等，如图 4-16 ～图 4-18 所示。

图 4-16 岩棉

图 4-17 蛭石

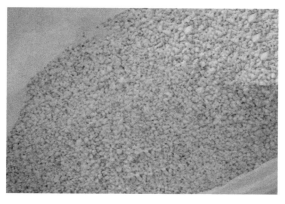

图 4-18 珍珠岩

2. 有机基质

常用的有机基质有泥炭、锯木屑、腐殖质、泡沫塑料、蔗渣、树皮等，见图4-19。

图 4-19　泥炭

表4-8是几种常见基质的理化性状。

表 4-8　几种常见基质的理化性状

基质类型	容重/（克/厘米³）	总孔隙度/%	气水比	pH	EC/（毫西门子/厘米）	盐基交换量/（毫克/100厘米³）
岩棉	0.11	96.0	1∶7.7	6.0～8.3	很低	很低
砂	1.49	30.5	1∶0.03	6.5～7.8	0.46	—
炉渣	0.78	54.7	1∶1.5	8.3	1.83	—
珍珠岩	0.16	93.2	1∶1.04	6.0～8.5	0.31	<1.5
蛭石	0.13	95.0	1∶4.34	6.5～9.0	0.36	很低
泥炭	0.21	84.4	1∶12	3.0～6.5	1.10	0.2～0.7
锯木屑	0.19	78.3	1∶1.27	5.2	0.56	高
蔗渣	0.12	90.8	1∶1.06	5.3	0.68	高

目前在实际生产中，很少用到单一栽培基质，因为单一基质会造成很多弊病，现在广泛采用混合基质，所谓的混合基质即两种或几种基质按照一定的比例混合而成。我国的复合基质较少以商品形式出售，生产上常根据栽植植物的种类和基质的各自特性进行配制，在配制时同时也要注意种类不能太多，因为混合基质的各项理化性质一般很难控制，常见的是2～3种单一基质进行混合。对于混合基质要求：容重适宜、增加孔隙度、提高水分和空气含量。在我国无土栽培中应用比较多的混合基质有：1∶1的草炭、锯末；1∶1∶1的草炭、蛭石、锯末；1∶1∶1的草炭、蛭石、珍珠岩等。

3. 固体基质的消毒方法

许多无土栽培基质在使用前可能会含有一些病菌或害虫及其寄生虫卵，在长时间使用后也会聚集某种病菌、虫卵，尤其是在连作的时候，更加容易发生病虫害。因此，在基质使用之前或使用了一段时间之后，要对它进行彻底消毒。常用的消毒方法有蒸汽消毒、药剂消毒和太阳能消毒，如图 4-20 ～图 4-22 所示。

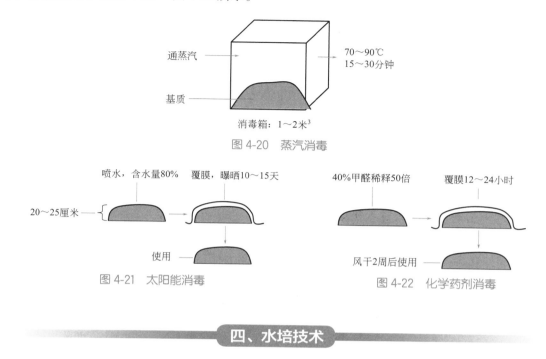

图 4-20　蒸汽消毒

图 4-21　太阳能消毒　　　　图 4-22　化学药剂消毒

四、水培技术

所谓的水培是指植物部分根系浸润在营养液中，而另一部分根系裸露在空气中的一类无土栽培方法。

水培根据营养液液层的深度、设施结构和供氧、供液等管理措施的不同，可以分为深液流水培技术、营养液膜技术。

1. 深液流水培技术

深液流水培技术是最早成功应用于商业化植物生产的无土栽培技术。在几十年的发展过程中，它已经发展成为管理方便、性能稳定、设施耐用、高效的无土栽培设施类型。深液流水培设施由于建筑材料的不同和设计上的差异，有很多种类问世。目前常用的是改进型神园式装置，在我国大面积推广使用，它建造方便、设施耐用、管理简单。该装置主要包括种植槽、定植板或定植网框、贮液池和营养液循环流动系统四部分，见图 4-23 ～图 4-27。

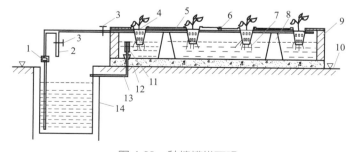

图 4-23　种植槽纵面观

1—水泵；2—充氧支管；3—阀门；4—定植杯；5—定植板；6—供液管；7—营养液；8—支承墩；
9—种植槽；10—地面；11—液层控制管；12—橡皮塞；13—回流管；14—贮液池

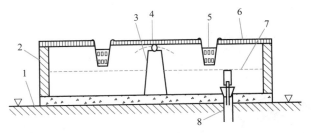

图 4-24　种植槽横面观　　　　　　　　　图 4-25　定植板

1—地面；2—种植槽；3—支承墩；4—供液管；5—定植杯；
6—定植板；7—液面；8—回流及液面控制装置

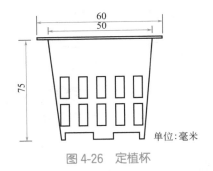

图 4-26　定植杯

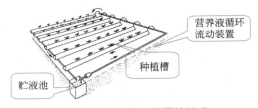

图 4-27　深液流水培地下回流管道

1—槽框；2—回流管道；3—槽底

2. 营养液膜技术

营养液膜技术是指将植物种植在浅层流动营养液中、比较简单的水培方法。我国于 1984 年在南京开始应用此项技术进行无土栽培，效果良好。其设施结构由种植槽、贮液池、营养液循环流动装置三部分组成，如图 4-28 所示。此外还可以根据实际生产需要及自动化程度的不同，适当配置一些其他辅助设施。

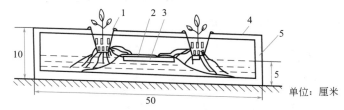

图 4-28　营养液膜装置的组成

3. 其他水培技术

除了前面介绍的几种，常见的水培技术还有深水漂浮栽培系统、浮板毛管技术（图 4-29）及各种家庭用水培装置，如图 4-30、图 4-31 所示。

图 4-29　浮板毛管栽培种植槽横切面示意图

1—定植杯；2—无纺布；3—浮板；4—定植板；5—种植槽

图 4-30　常见的花卉水培

图 4-31　家庭水培装置

五、雾培技术

雾培指的是植物的根系悬挂生长在封闭、不透光的容器内，营养液则经过特殊设备处理形成雾状，间歇性喷到作物根系上，以提供植物体生长所需要的养分和水分的一类无土栽培技术。

雾培能够满足植物体根系对水分、养分和氧气的需要，根系生长在潮湿的空气中更容易吸收氧气，它是所有无土栽培中解决根系水气矛盾最好的一种。另外，雾培易于自动化控制和进行立体栽培，能更好地提高温室的利用效率。雾培最早出现在意大利，用来种植生菜、黄瓜、番茄等，现多见于观光园内（图 4-32）。

图 4-32　观光园内的雾培生菜

常见的雾培类型有 A 型雾培（图 4-33）、立柱式雾培及半雾培（图 4-34）。

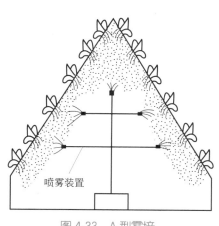

喷雾装置

图 4-33　A 型雾培

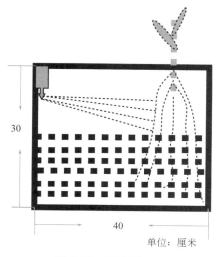

30

40

单位：厘米

图 4-34　半雾培

第三节 容器育苗

1. 容器育苗的概况

容器育苗是指使用各种育苗容器，并在容器中装入栽培基质（营养土）培育苗木的育苗方式。这样培育出的苗木称为容器苗，如图 4-35 所示即为营养钵育的构树苗。我国园林苗圃很早就利用简单的容器，如泥瓦盆、木桶、框等进行容器育苗，主要针对一些珍贵的园林树种和扦插等无性繁殖苗木。到目前，许多园林苗圃都不同程度地开始了容器育苗，这样既便于管理，又便于运输。现在的容器育苗又开始向利用塑料棚等保护设施发展，如图 4-36 所示。

图 4-35 构树容器苗

图 4-36 设施容器育苗

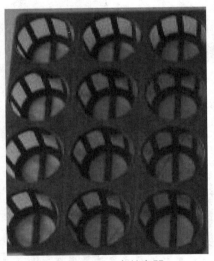

图 4-37 育苗容器

2. 育苗容器

目前国内外育苗容器多达几十种，由各种材料和样式制成。在园林苗圃中所使用的大多数是能够重复使用的单体容器、连体容器以及穴盘等，见图 4-37。

单体容器有由软硬塑料制成的，规格不等；泥瓦盆；档次较高的陶瓷容器、木质容器等。连体容器有塑料质地的，也有连体泥炭杯、连体蜂窝纸杯等，连体容器育苗数量多且集中，搬运方便。

3. 营养土

容器育苗时，营养土的选择与配制是其中的关键。通常用来制作营养土的原料有腐殖质、泥炭土、沙土、锯末、树皮、植物碎片及园土等。我国配制营养土的方法有很多，受不同地区材料限制，故需要因地制宜，就地取材进行配制。

不论采取哪种方法配制，所配制好的营养土必须要满足以下条件。

① 营养物质丰富。

② 理化性质良好，具有良好的透气、保水性能。

③ 不带有杂草种子、害虫、病原物，可以带有与植物共生的真菌。

④最好是经过消毒的土壤，具体消毒方法见无土栽培育苗之固体基质的消毒方法。

4. 容器装土及排列

（1）装土。装土之前，将营养土充分混合均匀，接着堆沤一周，目的是为了使营养土中的有机肥充分腐熟，防止烧伤幼苗。装土时注意不能装得太实、太满，要比容器口略低，留出浇水或营养液的余地，如图 4-38 所示，在播种或移植时将土压实。

图 4-38　装满营养土的育苗袋

（2）排列。排列容器时，宽度控制在 1 米左右，便于操作管理，长度结合苗圃地的实际情况，没有具体限制。容器下面要垫水泥板、砖块或无纺布等，以避免植物根系穿透容器长到土地中，影响根系的生长和完整。

5. 容器育苗与管理

播种育苗时，种子要播种在容器中央，发芽率高的可少播，发芽率低的可适当加大播种密度。因为容器育苗要经常灌水，所以覆土稍厚于一般苗圃。

室外育苗时，根据天气情况进行适当覆盖，可以用锯末、细草、玻璃板等覆盖在容器表土上，以减少水分蒸发。但是要注意不能覆盖塑料薄膜，因为覆盖塑料薄膜有可能造成高温，导致苗木灼伤。

容器苗的管理主要有两个问题要注意：一是灌水时不可大水冲灌，最好是滴灌或喷灌，尤其幼苗时期要及时灌溉；另一个是及时间苗，保证每个容器中只有一株壮苗，多余的要经过 1～2 次间掉，间苗结合补苗同时进行。

第四节　保护地育苗

1. 保护地育苗的概况

所谓的保护地育苗就是利用现代化的保护设施，如现代化全自控温室、供暖温室、日光加温温室、日光不加温温室、塑料大棚、荫棚等，把土地保护起来，创造适宜植物生长的环境条件进行育苗的育苗方法。随着人们对植物生长速度、质量和产量有了突破其生长周期的需求，有针对性的土地保护设施开始大规模地出现。随着园林事业的不断发展，保护地育苗的面积也不断扩大。

2. 保护地类型

针对不同的育苗目的、育苗地区情况、气候环境状况、保护条件的水平及创造条件的好坏，我们将保护地分为四类，分别是供暖温室、日光温室、塑料大棚或小棚以及防雨棚和遮阴网等。

（1）供暖温室。目前国内拥有的全自控温室主要是从国外进口的，温室内的环境条件全部由计算机控制，有自动加温供暖设备，温度过高时可以停止供暖和进行通风，温度低时则可以自动启动加温设备，是最现代化的人工气候温室。而我国常用的供暖温室，冬季需覆盖保温材料，环境由人工控制，靠天窗和风机进行温度的调控。我国现有玻璃、塑料或阳光板等材质的供暖温室，如图4-39～图4-41所示，可以做成单栋温室，也可以做成连栋温室。单栋温室的土地利用率相对偏低，只有60%～70%，而连栋温室可以极大地提高土地利用率，空间大，便于机械化、自动化管理操作。

图 4-39 连栋自控玻璃温室

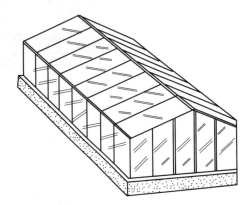
图 4-40 单栋塑料温室

图 4-41 连栋阳光板温室

（2）日光温室。日光温室是我国"三北"地区大面积使用的一种保护地类型，是根据我国北方寒冷、干燥、风大的环境特点和暖棚栽培技术，吸收现代园艺温室的覆盖材料和环境调控技术研究开发而成的。目前，日光温室育苗是我国设施园艺中最广泛的栽培方式，尤其是我国北方地区最主要的育苗方式。

日光温室一般为东西走向，南北方向为吸收太阳光加温方向。东、西、北三面为土墙或砖墙，屋面由檩和横梁组成，上铺保温材料，可以是固定的，也可以是活动的，一般于冬天时覆盖，比如草帘等。后墙外培土防寒。前屋面为半拱型、一面坡、一面坡加立窗等形式，以半拱型居多。这种大棚温室主要依靠白天日光照射到棚内的土壤、墙壁、植物等物体上积累热量，晚间慢慢释放出来，维持一定的温度，保证苗木的生长，有条件的也可以配备加温设备。日光温室有单斜面日光温室、不等式双斜面日光温室两种，见图4-42、图4-43。

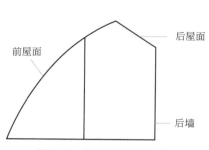

图 4-42　单斜面日光温室

图 4-43　不等式双斜面日光温室

（3）塑料大棚或小棚。塑料大棚是保护地栽培中保温效果最差的一种，但是也有很好的保护效果，是目前应用最普遍的保护措施，可以在一定程度上提高棚内湿度、降低温度，具有一定的保温效果。它结构简单、拆建方便、投资小、利用率高。目前，我国塑料大棚基本结构定型，如图4-44所示，主要利用装配式镀锌管大棚作为保护设施。

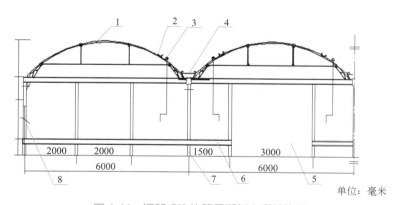

单位：毫米

图 4-44　钢架式连栋简易塑料大棚结构图

1—横梁；2—天窗卡槽；3—顶卷膜器；4—水槽；5—门；6—边卡槽；7—立柱；8—侧卷膜器

（4）防雨棚和遮阴网。防雨棚和遮阴网这种保护形式主要是针对我国南方地区多暴雨、台风的特殊情况而设计的。它利用的是塑料大棚的骨架，仅在顶部覆盖防雨棚进行防雨，或者是覆盖不同滤光效果的遮阴网以减弱强光照射，使得棚内的温度、湿度等在夏日中午得到一定程度的调节。近年来，在我国南方地区，遮阴网覆盖栽培在园林、花卉生产上是一种最为简单有效的保护方式，被迅速推广普及。

第五节　全光照喷雾扦插育苗技术

1. 全光照喷雾扦插育苗技术简介

全光照喷雾扦插育苗技术，简称全光雾插育苗技术，是在全日照条件下，利用半木质化的嫩枝插穗和排水通气良好的插床，并采用自动间歇喷雾的现代技术，进行高效率和规模化扦插育苗的技术。它是目前国内外广泛采用的育苗新技术，可以在短时间内以较低的成本，有计划地培育市场需要的各种园林植物，同时可以实现生产的专业化、工厂化和良种化，是林业、园林、园艺等行业的一个育苗发展方向。

2. 全光照自动喷雾设备装置

目前，在我国广泛采用的自动喷雾装置主要有三种类型，分别是电子叶喷雾设备、双长悬臂喷雾装置和微喷管道系统，不论是哪种类型，其构造的共同点都是由自动控制器和机械喷雾两部分组成。

（1）电子叶喷雾设备。该技术可以根据叶面的水膜有没有变化，较为准确地控制喷雾的时间和数量，从而有效地促进园林植物插穗生根。

电子叶喷雾设备主要包括进水管、贮水槽、自动抽水机、压力水筒、电磁阀、控制继电器、输水管道和喷水器等，见图4-45。使用时，将电子叶安装在插床上，由于喷雾而在电子叶上形成一层水膜，使得两个电极接通，控制继电器由于电子叶的接通而使电磁阀关闭，水管上的喷头便自动停止喷雾。随着水分的蒸发，水膜逐渐消失，水膜断离，电流即被切断，控制继电器支配的电磁阀打开，又继续喷雾，这就是电子叶喷雾装置的工作原理。

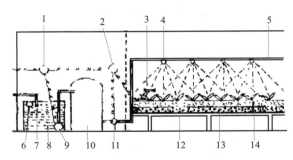

图 4-45　电子叶喷雾系统示意图

1—电源；2—继电器；3—电子叶；4—喷头；5—水管；6—浮标；7—进水口；8—喷头；
9—水泵；10—高压水桶；11—电磁阀；12—温床；13—底热装置；14—基质

图 4-46　电子叶装置示意图

1—电源；2—支架；3—绝缘胶板；4—电极；5—底板

电子叶的构造是根据水的导电原理设计的，在一块绝缘的胶板上按照一定的距离安装两个精碳电极，水中带有电离子，在电极间电场作用下移动而传递电子，根据电子叶表面的干湿度情况使得电路通或者断来控制喷雾，如图4-46所示。

这种装置可以完全实现自动化，首先通过水泵从贮水槽中吸水，把吸入的水送到压力箱内，使其达到一定的水压，再经过电子叶的控制，进行喷雾，随着喷雾的进行，水压逐渐降低，水泵再次吸水送入到压力箱以维持一定的水压。

（2）双长臂喷雾装置。该喷雾机械主要构造包括机座、分水器、立杆和喷雾支管等，见图4-47。它的工作原理是：当自来水、水塔、水泵等水源压力系统大于0.05兆帕的水从喷头喷出时，双长臂即在水的反冲作用力下，绕中心轴顺时针方向进行扫描喷雾。

安装双长臂喷雾设备，要选择背风向阳、地势平坦、排水良好和具有水电条件的地方。其具体做法是：首先要整地建床，要求地面平整或中心偏高，以利于排水；苗床四周要有矮墙，底层留有排水口；床面铺扦插基质，如小石子、煤渣等滤水层，锯末、珍珠岩等基质，如图4-48所示。接着进行底座的浇制，在苗床的中心事先挖面积稍大于机座的坑，用混凝土浇制一个与砖墙同高的底座，同时根据机座上固定孔位置在混凝土内放入地角螺丝，如图4-49所示。最后进行机械安装，其安装顺序如图4-50所示，还要注意供水设备的选择。

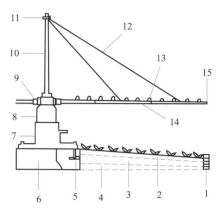

图 4-47　双长臂喷雾装置示意图

1—砖墙；2—河沙；3—炉渣；4—小石子；5—地角螺丝；6—底座；7—机座；8—分水器；9—活接；10—立柱；11—顶帽；12—铁丝；13—喷头；14—喷水管；15—堵头

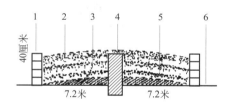

图 4-48　圆形苗床竖切面示意图

1—砖墙；2—河沙；3—煤渣；4—底座；5—小石子；6—地平线

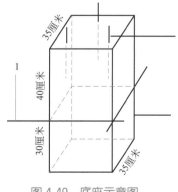

图 4-49　底座示意图

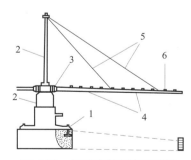

图 4-50　机械安装顺序示意图

1—机座固定；2—拧上分水器和立柱；3—将喷管套入活接；4—将大、中、小3根管套接；5—铁丝牵引至水平；6—插入喷头

（3）微喷管道系统。微喷是近些年来发展起来的一门新技术，在全国各地被广泛应用于全光雾插育苗上。其主要结构包括：水源、首部枢纽、管网和喷水器等。

第五章

常绿花木树种的育苗技术

第一节　常绿乔木的育苗技术

一、雪松

【科属】松科、雪松属

【产地分布】

原产于喜马拉雅山脉海拔1500～3200米的地带和地中海沿岸海拔1000～2200米的地带。北京、大连、青岛、上海、南京、武汉、昆明等地已广泛栽培作庭园树。

【形态特征】

常绿乔木，高30米左右，胸径可达3米；大枝一般平展，为不规则轮生，小枝略下垂（图5-1）。树皮灰褐色，裂成鳞片，老时剥落。叶在长枝上为螺旋状散生，在短枝上簇生。叶针状，质硬，先端尖细，叶色淡绿至蓝绿。雌雄异株，稀同株，花单生枝顶。球果椭圆至椭圆状卵形，成熟后种鳞与种子同时散落，种子具翅。花期为10～11月份，雄球花比雌球花花期早10天左右。球果翌年10月份成熟。

图 5-1　雪松形态特征

【生长习性】

要求温和凉润气候和土层深厚而排水良好的土壤。喜阳光充足，也稍耐阴。雪松喜年降水量 600 ～ 1000 毫升的暖温带至中亚热带气候，在中国长江中下游一带生长最好。

【园林用途】

雪松是世界著名的庭园观赏树种之一。它具有较强的防尘、减噪与杀菌能力，也适宜作工矿企业绿化树种。雪松树体高大，树形优美，最适宜孤植于草坪中央、建筑前庭之中心、广场中心或主要建筑物的两旁及园门的入口等处（图 5-2）。

图 5-2　雪松园林用途

【繁殖方法】

一般用播种和扦插繁殖。

1. 播种繁殖

（1）种子处理。播种前，首先用冷水浸种 1 ～ 2 天，浸后用 0.1% 高锰酸钾消毒 30 分钟，然后用清水冲净晾干播种，切忌带湿播种。

（2）播种。播种时间一般在春分前进行，宜早不宜迟。选择排水、通气良好的砂质壤土作床。以条播为好，行距 10 ～ 15 厘米，株距 4 ～ 5 厘米（图 5-3）。将种子的大头向上插在沟内，每亩播种量 15 ～ 20 千克，播后用黄心土或焦泥灰覆上 1 ～ 2 厘米厚，而且还要盖上一层薄稻草，再用喷水壶将水洒在上面保持床面湿润。3 ～ 5 天后开始萌动，可持续 1 个月左右，发芽率达 90%。幼苗期需注意遮阴，并防止猝倒病和地老虎的危害。一年生苗可达 30 ～ 40厘米高，翌年春季即可移植（图 5-4）。

图 5-3　雪松播种育苗　　　　　　　　　图 5-4　雪松移植育苗

（3）幼苗管理。当出苗70%以上时分批揭去稻草，要及时搭架，加盖遮阳网或芦帘遮阴。在苗木生长期间，除应经常浇水、松土、除草外，还应每隔半月追施一次充分腐熟的稀薄饼肥水，浓度可逐渐增大；如施化肥，可撒埋在播种沟之间，切不要沾着小苗，否则可能造成烧苗。为防止发生病害，当种苗出齐后，每隔半月喷一次1%的波尔多液，直到雨季结束。立秋后拆去荫棚。

2. 扦插繁殖

扦插繁殖在春、夏两季均可进行。春季宜在3月20日前，夏季以7月下旬为佳。春季，剪取幼龄母株的一年生粗壮枝条，用生根粉或500毫克/升萘乙酸处理，能促进生根。然后将其插于透气良好的砂壤土中，充分浇水，搭双层荫棚遮阴。夏季宜选取当年生半木质化枝为插穗。在管理上除加强遮阴外，还要加盖塑料薄膜以保持湿度（图5-5）。插后30～50天，可形成愈伤组织，这时可用0.2%尿素和0.1%的磷酸二氢钾溶液根外施肥。

图5-5　雪松扦插育苗

【栽培管理】

雪松移植应在春季进行，移植时必须带土球，移植后应立支杆，并及时浇水，旱时常向叶面喷水，切忌栽植在低洼水湿地带。成活后，秋季施以有机肥，促进发根，生长期追肥2～3次。

二、油松

【科属】松科、松属

【产地分布】

油松原产中国。自然分布于辽宁、吉林、内蒙古、河北、河南、山西、陕西、山东、甘肃、宁夏、青海等地。

【形态特征】

油松为常绿乔木，高达25米，胸径可达1米以上；树皮灰褐色或褐灰色，裂成不规则较厚的鳞状块片，裂缝及上部树皮红褐色；枝平展或向下斜展，老树树冠平顶，小枝较粗，褐黄色。针叶2针一束，深绿色，粗硬。雄球花圆柱形，在新枝下部聚生成穗状。球果卵形或圆卵形，有短梗，向下弯垂，成熟前绿色（图5-6），熟时淡黄色或淡褐黄色，常宿存树上数年之久。花期4～5月，球果翌年10月成熟。

图 5-6 油松形态特征

【生长习性】

油松为喜光、深根性树种，喜干冷气候，在土层深厚、排水良好的酸性、中性或钙质黄土上均能生长良好。

【园林用途】

油松的主干挺拔苍劲，分枝弯曲多姿，四季常青，树冠层次有别。常种植在人行道内侧或分车带中；或孤植、丛植在园林绿地中，亦宜纯林群植和混交种植（图 5-7）。

图 5-7 油松园林用途

【繁殖方法】

油松常用播种繁殖。

1. 整地、作床

选择地势平坦、灌溉方便、排水良好、土层深厚肥沃的中性（pH 6.5 ～ 7.0）砂壤土或壤土为苗圃地。秋季深耕，深度在 20 ～ 30 厘米，深耕后不耙。第二年春季土壤解冻后每公顷施入堆肥、绿肥、厩肥等腐熟有机肥 40000 ～ 50000 千克，并施过磷酸钙 300 ～ 375 千克。再浅耕一次，深度在 15 ～ 20 厘米，随即耙平。

作床前 3 ～ 5 天灌足底水，将圃地平整后作平床。苗床宽 1 ～ 1.2 米，步道宽 30 ～ 40 厘米，苗床长度根据圃地情况确定。多雨地区苗圃可采用高床，在干旱少雨、灌溉条件差的苗圃可采用低床育苗。

2. 种子处理

用浓度为 0.5% 的高锰酸钾溶液浸泡种子 2 小时后，清水洗净、阴干。播种前 4～5 天用 45～60℃温水浸种，种子与水的容积比约为 1 ：3。浸种时不断搅拌，使种子受热均匀，自然冷却后浸泡 24 小时。种皮吸水膨胀后捞出，置于 20～25℃条件下催芽。在催芽过程中经常检查，防止霉变，每天用清水淘洗一次，有 1/3 的种子裂嘴时，即可播种。

3. 播种

油松播种分为春播和秋播。秋播应在结冻前进行，可免去种子催芽程序；一般春播为好，应尽力早播种。播前灌足底水，播种方法以条播为主，播幅 3～7 厘米，行距 15～20 厘米（图 5-8），覆土 1 厘米左右。催过芽的种子播后 7～10 天即可发芽出土。大棚育苗要提前 1 个月播种，但要注意通风，防苗木立枯病。

图 5-8　油松播种育苗

4. 幼苗管理

播种后不进行灌溉也不覆盖，以保持适宜的地温，促进种子迅速发芽出土。在保水性能差的沙地，播后及时镇压。如土壤水分不足，可进行灌溉，但会使床面土壤板结，降低地温，延迟出苗期，幼苗生长不良。油松幼苗耐干旱，春季不宜多灌水，以免影响地温，使幼苗生长缓慢。6～7 月可增加灌溉量，在雨季要注意排水，防淤忌涝。

油松幼苗性喜密生，因此，间苗不宜早间，以利庇荫，促使生长旺盛，6～7 月间苗为宜。间苗工作可在雨后或灌溉后用手拔除，间苗后及时进行灌溉或松土。

油松全部出土后，种壳脱落前应注意防止鸟害，同时防止立枯病的发生。立枯病与温度有很大关系，当地表温度达到 36℃时，立枯病就会出现，引起苗木大量死亡。因此，要及时喷洒 50% 的 800 倍退菌特溶液，每隔 10 天喷 1 次，喷药后要灌溉冲洗苗木。

油松防寒应在封冻前进行。用土覆盖苗木，覆土厚度以看不见苗木为止，翌春 4 月下旬晚霜后将土撤掉。

【栽培管理】

油松栽植以穴栽为主，要求穴大根舒、深埋、实扎，使土壤与根系紧密接触。油松移植多采用带宿土蘸浆丛植的方法（每丛 2～4 株），每丛的株数因培育目的不同有所不同。为提高油松的移植成活率，在起、选、包、运、植的操作过程中，保持苗木水分是非常重要的，另外，最好培育容器苗。

肥水管理是保障植株正常生长、抵抗病虫害的重要措施。在移植成活后的一年中，生长季节平均每 2 个月浇水 1 次；一年施肥 2 ～ 3 次，以早春土壤解冻后、春梢旺长期和秋梢生长期供肥较好。

三、侧柏

【科属】柏科、侧柏属

【产地分布】

我国大部分地区均有分布。

【形态特征】

常绿乔木，高达 20 米，胸径 1 米；树皮薄，浅灰褐色，纵裂成条片；枝条向上伸展或斜展，幼树树冠卵状尖塔形，老树树冠则为广圆形；生鳞叶的小枝细，向上直展或斜展，扁平，排成一平面。叶鳞形，先端微钝。雄球花黄色，卵圆形；雌球花近球形，蓝绿色，被白粉。球果近卵圆形，成熟前近肉质，蓝绿色，被白粉，成熟后木质，开裂，红褐色。花期 3 ～ 4 月，球果 10 月成熟（图 5-9）。

图 5-9　侧柏形态特征

【生长习性】

喜光，幼时稍耐阴，适应性强，对土壤要求不严，在酸性、中性、石灰性和轻盐碱土壤中均可生长。耐干旱瘠薄，萌芽能力强，耐寒力中等，耐强光照射，耐高温，浅根性，抗风能力较弱。

【园林用途】

侧柏在园林绿化中，有着不可或缺的地位。它可用于行道、亭园、大门两侧、绿地周围、路边花坛及墙垣内外，均极为美观；小苗可做绿篱，隔离带围墙点缀（图 5-10）。它耐污染，耐寒，耐干旱，是绿化道路、绿化荒山的首选苗木之一。

图 5-10　侧柏园林用途

【繁殖方法】

生产上侧柏主要用播种方法育苗。

1. 整地与施肥

选择地势平坦，排水良好，较肥沃的砂壤土或轻壤土为宜。育苗地要深耕细耙，施足底肥。

2. 种子处理

侧柏种子空粒较多，应先进行水选，将浮上的空粒捞出。再用 0.3% ～ 0.5% 的硫酸铜溶液浸种 1 ～ 2 小时（或 0.5% 高锰酸钾溶液浸种 2 小时），进行种子消毒。将经过消毒处理的种子用 45℃ 温水浸种 12 ～ 24 小时后，将种子捞出，装入草袋放在背风朝阳处，经常翻动，每天用温水冲洗 1 ～ 2 次，经过 5 ～ 6 天，待有 50% 的种子裂嘴时，即可进行播种。

3. 播种

侧柏一般于春季播种，适当早播为宜，如华北地区 3 月中下旬，西北地区 3 月下旬至 4 月上旬，而东北地区则以 4 月中下旬为好。为确保苗木产量和质量，播种量不宜过小，当种子净度为 90% 以上，种子发芽率 85% 以上时，每亩播种量为 10 千克左右为宜。侧柏多用高床或高垄育苗，干旱地区也可用低床育苗。

（1）垄播。垄底宽 60 厘米，垄面宽 30 厘米，垄高 12 ～ 15 厘米，每垄播双行或单行，双行条播播幅 5 厘米，单行条播播幅 12 ～ 15 厘米。

（2）高床（或低床）播种。床长 10 ～ 20 米，床面宽 1 米，每床纵向条播 3 ～ 5 行，播幅 5 ～ 10 厘米，横向条播，行距 10 厘米，播幅 3 ～ 5 厘米（图5-11）。播种时开沟深浅要一致，播种要均匀，播种后及时覆土 1 ～ 1.5 厘米，再进行镇压，使种子与土壤密接，以利于种子萌发。在干旱风沙地区，为利于土壤保墒，可覆土后覆草。

图 5-11　侧柏播种育苗

4. 苗期管理

（1）灌溉。经催芽处理的种子，播种后 10 天左右开始发芽出土，20 天左右为出苗盛期。为利于种子发芽出土，应常常维持种子层土壤湿润，播种前必须要灌透底水。如幼苗出土前土壤不过分干燥，最好不浇蒙头水以免降低地温，造成表层土壤板结，不利于出苗。

幼苗出齐后，立刻喷洒 0.5% ～ 1% 波尔多液，以后每隔 7 ～ 10 天喷 1 次，连续喷洒 3 ～ 4 次可预防立枯病发生。6 月中下旬为苗木速生期，应依据土壤墒情每 10 ～ 15 天灌溉一次，以一次灌透为原则。进入雨季要减少灌溉，注意排水防涝。土壤封冻前灌封冻水。

（2）施肥。全年追施硫酸铵 2 ～ 3 次，每次施硫酸铵 4 ～ 6 千克/亩，在苗木速生前期追第 1 次，间隔半个月后再追施一次。也可追施腐熟的人粪尿。每次追肥后必须及时浇水。

（3）间苗。侧柏幼苗期喜阴，应适当密留；当幼苗高 3 ～ 5 厘米时进行两次间苗，定苗后每平方米留苗 150 株左右，产苗量达 15 万株每亩。

（4）冬季防寒。寒冷地区冬季要注意防寒，一般采用埋土防寒或设风障防寒，也可覆草防寒。埋土防寒时间不宜过早，在土壤封冻前、立冬前后为宜；而撤防寒土不宜过迟，多在土壤解冻后分两次撤除；撤土后要及时灌足返青水。

【栽培管理】

侧柏苗多二年出圃，春季移植。有时为了培养绿化大苗，尚需经过 2～3 次移植，培养成根系发达、冠形优美的大苗后再出圃栽植。大苗以早春 3～4 月带土球移植成活率较高，一般可达95% 以上。移植后要及时灌水，每次灌水要灌透，待墒情适宜时及时中耕松土、除草、追肥等。

四、圆柏

【科属】柏科、刺柏属

【产地分布】

我国大部分地区均有分布。

【形态特征】

别名刺柏、柏树、桧、桧柏。常绿乔木，高达 20 米，胸径达 3.5 米；树皮深灰色，纵裂，成条片开裂；幼树的枝条通常斜上伸展，形成尖塔形树冠，老树则下部大枝平展，形成广圆形的树冠；小枝通常直或稍成弧状弯曲。叶二型，即刺叶和鳞叶；刺叶生于幼树上，老龄树则全为鳞叶，壮龄树兼有刺叶和鳞叶。雌雄异株，稀同株，雄球花黄色，椭圆形；球果近圆球形，两年成熟，熟时暗褐色，被白粉或白粉脱落（图 5-12）。花期 4 月下旬，球果翌年 10～11 月成熟。

图 5-12　圆柏形态特征

【生长习性】

喜光树种，较耐阴；耐寒、耐热性强；耐旱力强，忌积水。深根性，侧根也很发达，对土壤要求不严。对多种有害气体有一定抗性。

常见的病害有圆柏梨锈病、圆柏苹果锈病及圆柏石楠锈病等。这些病菌以圆柏为越冬寄主，对圆柏本身虽伤害不太严重，但对梨、苹果、海棠、石楠等则危害颇巨，故应注意防治，最好避免在苹果、梨园等附近种植。

【园林用途】

圆柏幼龄树树冠整齐呈圆锥形，树形优美，大树干枝扭曲，姿态奇古，可以独树成景，是中国传统的园林树种。圆柏性耐修剪又有很强的耐阴性，故作绿篱比侧柏优良，中国古来多配植于庙宇陵墓作墓道树或柏林，也可群植于草坪边缘作背景，或丛植片林、镶嵌于树丛的边缘、建筑附近（图 5-13）。

图 5-13　圆柏园林用途

【品种分类】

（1）球桧：为丛生圆球形或扁球形灌木，叶多为鳞叶，小枝密生。

（2）金叶桧：栽培变种，直立灌木，植株呈直立窄圆锥形灌木状，全为鳞形叶，鳞叶初为深金黄色，后渐变为绿色。

（3）金心桧：栽培品种，为卵圆形无主干灌木，具2型叶，小枝顶部部分叶为金黄色。

（4）龙柏：树形不规正，枝交错生长，少数大枝斜向扭转，小枝紧密，多为鳞叶，幼嫩时淡黄绿色，后呈翠绿色；球果蓝色，微被白粉。长江流域及华北各大城市庭园有栽培。

（5）鹿角桧：丛生灌木，中心低矮，外侧枝发达斜向外伸长，似鹿角分叉，多为紧密的鳞叶。华东地区多栽培作园林树种。

（6）塔桧：亦名圆柱桧。枝向上直展，密生，树冠圆柱状或圆柱状尖塔形；叶多为刺形，稀间有鳞叶。华北及长江流域各地多栽培作园林树种。

（7）匍地龙柏（栽培变种）：植株无直立主干，枝就地平展。

【繁殖方法】

1. 播种育苗

11月采种，堆放后熟，洗净后冬播或翌年春季催芽后播种。催芽前可用50%的福尔马林溶液浸泡2分钟，再用清水洗净，然后将种子层积处理100天，春季待种皮开裂即可播种，2～3周后发芽。

2. 扦插育苗

选用砂质壤土，整地前每亩施腐熟饼肥50千克作基肥，过磷酸钙100千克。深翻20厘米，翻地时喷撒3%的硫酸亚铁液和1%的高锰酸钾液进行土壤消毒，每亩撒施呋喃丹10千克防止地下蛀虫侵害。深翻耙平后作低畦，畦宽1.2米，长度据苗木数量而定。

硬枝、绿枝扦插均可，分别在2～3月和8～9月进行。选1～2年生枝条作插穗，将插穗剪成10～15厘米的枝段，剪去下部叶片，捆成把，埋在湿沙内备用。采用直插的方法，插入深度为5～6厘米，最好是随取随插。插后浇一次透水，利于穗条与土壤密合。绿枝扦插的圆柏要遮阴，荫棚高度以离地面1～2米为宜，选用遮光度70%的遮阳网。遮阴后前20天每天傍晚喷一遍水，以后保持床土湿润即可。

【栽培管理】

小苗移植带宿土，大苗移植需带土球。圆柏耐干旱，浇水不可偏湿，不干不浇，做到见干见湿。圆柏一般每年春季施稀薄腐熟的饼肥水2～3次，秋季施1～2次，可保持枝叶鲜绿浓密，生长健壮。

五、樟

【科属】樟科、樟属

【产地分布】

分布于长江以南及西南区域。

【形态特征】

常绿大乔木，高可达 30 米，直径可达 3 米，树冠广卵形；枝、叶及木材均有樟脑气味；树皮黄褐色，有不规则的纵裂。枝条圆柱形，淡褐色。叶薄革质，卵形或椭圆状卵形，先端急尖，基部宽楔形至近圆形，边缘全缘，离基三出脉，脉腋有腺点。圆锥花序腋生，花小，绿白或带黄色。果卵球形或近球形，熟时紫黑色。花期 4～5 月，果期 8～11 月（图 5-14）。

图 5-14　樟形态特征

【生长习性】

樟多喜光，稍耐阴；喜温暖湿润气候，耐寒性不强，对土壤要求不严，较耐水湿，但不耐干旱、瘠薄和盐碱土。主根发达，深根性，能抗风。萌芽力强，耐修剪。生长速度中等，树形巨大如伞，能遮阴避凉。存活期长，可以生长为成百上千年的参天古木，有很强的吸烟滞尘、涵养水源、固土防沙和美化环境的能力。

【园林用途】

樟枝叶茂密，冠大荫浓，树姿雄伟，是城市绿化的优良树种，广泛作为庭荫树、行道树、防护林及风景林，常丛植、群植、孤植于庭院、路边、草地、建筑物前，或配植于池畔、水边、山坡等（图 5-15、图 5-16）。因其对多种有毒气体抗性较强，有较强的吸滞粉尘的能力，常被用于城市及工矿区。

图 5-15　樟园林用途　　　　　图 5-16　樟大树移植观赏效果

【繁殖方法】

樟常采用播种繁殖。

1. 苗圃地选择

选择整齐开阔、地面平坦、背风向阳、排水良好、水源充足、地下水位低的地带作苗圃地。一般以 2 ～ 5 度的缓坡地为好。平地需开深沟，以便排水和降低地下水。土壤应选择土层深厚、有机质丰富的砂壤土或壤土。在冬初上冻前进行第一次耕翻熟化，耕翻不宜过深，以便控制主根生长过强，促使侧根生长。播种前施足基肥，基肥一般为农家肥。

2. 种子的采集和贮藏

在 11 月中下旬，樟浆果呈紫黑色时，从生长健壮无病虫害的母树上采集果实。采回的浆果应及时处理，以防变质。即将果实放入容器内或堆积加水堆沤，使果肉软化，用清水洗净取出种子。将种子薄摊于阴凉通风处晾干后进行精选，使种子纯度达到 95% 以上。

3. 播种

樟秋播、春播均可，以春播为好。秋播可随播，在秋末土壤封冻前进行。春播宜在早春土壤解冻后进行。播种前需用 0.1% 的新洁尔溶液浸泡种子 3 ～ 4 小时杀菌、消毒。并用 50℃ 的温水浸种催芽，保持水温，重复浸种 3 ～ 4 次，可使种子提前发芽 10 ～ 15 天。樟可采用条播，条距为 25 ～ 30 厘米，条沟深 2 厘米左右，宽 5 ～ 6 厘米，每米播种沟撒种子 40 ～ 50 粒，每亩播种 15 千克左右。

4. 苗期管理

幼苗出土后，要及时除去覆盖物，以免幼苗黄化。当幼苗长出 2 ～ 3 片真叶时，进行间苗。做到早间苗，分期间苗，适时定苗，按 7 厘米左右株距定苗。间出的健壮苗，应另行栽植，以节约种子，提高出苗率。栽植后注意遮阴、浇水养护，以保证成活（图 5-17）。

图 5-17　樟苗期管理

5. 适时移栽

一年生樟苗高 60 厘米左右，产苗量每亩 2.5 万株左右。除用作造林外，一年生樟苗达不到城市绿化用苗标准，移植后需再培育 3 ～ 6 年。

高温季节树体水分蒸发比较大，在根系没有完全恢复功能前，失水过多将严重影响树木的成活率和生长势。遮阴有利于降低树体及地表温度，减少树体水分散失，提高空气湿度，有利于提高树木的成活率。可以在树体上方搭设 60%～70% 遮光率的遮阳网遮阴。同时做好树木根际的覆盖保墒工作，可以在树木根周覆盖稻草及其他比较通气的覆盖材料，以提高土壤湿度。

【栽培管理】

樟移植时间一般在 3 月中旬至 4 月中旬，在春季春芽苞将要萌动之前定植。移植时需要对树冠进行修剪，可连枝带叶剪掉树冠的 1/3～1/2，但应保持基本的树形。大树移植需带土球移植，最好先进行断根处理，还要用浸湿的草绳缠绕包裹主干和大枝。

樟栽植后要立即浇水，为了提高成活率，在水中可加入生根宝、大树移植成活液等药剂以刺激新根生长。高温、干旱时，每天向枝叶喷水 1～2 次，以提高成活率。

樟栽好后要加强养护管理。浇水要掌握"不干不浇，浇则浇透"的原则。栽植后 2～5 年适当施肥，冬春季施有机肥，每株施 15～20 千克，生长前期可追施氮素肥料。

六、杜英

【科属】杜英科、杜英属

【产地分布】

产于中国南部，浙江、江西、福建、台湾、湖南、广东、广西及贵州南部均有分布。

【形态特征】

常绿乔木，高 5～15 米；嫩枝及顶芽初时被微毛，不久便秃净。叶革质，披针形或倒披针形，先端渐尖，尖头钝，基部楔形，边缘有小钝齿；秋冬至早春部分树叶转为绯红色，红绿相间，鲜艳悦目。总状花序多生于叶腋，花序轴纤细；花白色，花瓣倒卵形，与萼片等长，上半部撕裂（图 5-18）。核果椭圆形，外果皮无毛，内果皮坚骨质，表面有多数沟纹。花期 6～7 月，果期 10～12 月。

图 5-18　杜英形态特征

【生长习性】

杜英喜温暖潮湿环境，耐寒性稍差，稍耐阴。根系发达，萌芽力强，耐修剪。喜排水良好、湿润、肥沃的酸性土壤。适生于酸性之黄壤和红黄壤山区，若在平原栽植，必须选择排水良好的土壤，生长速度中等偏快。对二氧化硫抗性强。

【园林用途】

杜英具分枝低、叶色浓艳、分枝紧凑的特点，适合构造绿篱墙，用作行道树更有一定优势（图 5-19）。杜英还有降低噪声、防止尘垢污染的作用。

图 5-19　杜英园林用途

【繁殖方法】

1. 播种育苗

采种母树应选择树龄 15 年以上、生长健壮和无病虫害的植株。10 月下旬果实由青绿色转为暗绿色时，核果成熟，应及时采种。果实可堆放在阴凉处或放入水中浸泡 1 ～ 2 天，待外果皮软化后，进行搓擦淘洗，再用清水漂洗干净，置室内摊开晾干后及时沙藏（种子切忌曝晒，也不宜长期脱水干藏）。杜英属种子大多有深度休眠现象，种子用湿沙低温层积贮藏可显著提高发芽率（可达 60% 以上）。

播种时间为 2 ～ 5 月。采用条播，行距 25 厘米，沟深 3 厘米，播种量每亩 8 ～ 10 千克，覆土以焦泥灰为好，厚度以不见种子为度。上面可以盖一层薄薄的干草，以保持土壤疏松、湿润，有利于种子发芽。出苗期 30 ～ 40 天。当 70% 的幼苗出土后，傍晚揭除覆盖物，第二天傍晚，用敌克松 0.1% 溶液喷洒苗床，预防病害发生。

2. 扦插育苗

夏初，从当年生半木质化的嫩枝上剪取插穗，穗条长 10 ～ 12 厘米，并将下部叶子剪除，上部保留 2 ～ 3 个叶片，每个叶片剪去一半，用浓度为 100 毫克 / 升的萘乙酸，或浓度为 50 毫克 / 升的 ABT 生根粉溶液，浸泡基部 2 ～ 4 小时。用蛭石或河沙作基质，插后浇足水分，用塑料薄膜拱棚封闭保湿，遮阴降温。一般不需再喷水管理，每隔一周喷 0.1% 高锰酸钾液，防止腐烂。如使用全光自动喷雾育苗，扦插后 20 天左右开始生根，扦插成活率可达 90% 以上。

【栽培管理】

杜英移植常在 2 月下旬至 3 月中旬进行，在芽萌发前栽植，最好选择阴天或雨后栽植，切忌晴天中午干旱栽植。小苗移植带宿土，大苗移植带土球，起苗时注意深起苗、勿伤根。杜英怕高温烈日和日灼危害，栽植密度要适当，最好树冠能相互侧方荫蔽，无遮阴条件要用草绳包扎主干。

苗木生长初期，每隔半月施浓度 3%～5% 稀薄人粪尿。5 月中旬以后可用 1% 过磷酸钙或 0.2% 的尿素溶液浇施。梅雨季节应做好清沟排水工作；干旱季节应做好灌溉工作。生长盛期（6 月中旬以后），应分期分批做好间苗工作，7 月下旬做好定苗工作，保留 30～40 株 / 米 ^{2}，在立秋前半个月停施氮肥。9 月中旬至 11 月中旬，可每隔 10 天喷一次 0.3%～0.5% 的磷酸二氢钾溶液和 0.2% 的硼砂溶液，交替喷施 2～3 次即可，以促使苗木提高木质化。一般一年苗可以生长到 50 厘米左右高。

七、广玉兰

【科属】木兰科、木兰属

【产地分布】

广玉兰别名洋玉兰，原产于美国东南部，分布在北美洲以及中国大陆的长江流域及以南，北方如北京、兰州等地已有人工引种栽培。在长江流域的上海、南京、杭州也比较多见。

【形态特征】

常绿乔木，在原产地高达 30 米；树皮淡褐色或灰色，薄鳞片状开裂；小枝、芽、叶下面、叶柄均密被褐色或灰褐色短绒毛。叶厚革质，椭圆形、长椭圆形或倒卵状椭圆形，先端钝或短钝尖，基部楔形，叶面深绿色，有光泽。花白色，有芳香，聚合果圆柱状长圆形或卵圆形，密被褐色或淡灰黄色绒毛（图 5-20）。花期 5～6 月，果期 9～10 月。

图 5-20　广玉兰花、果的形态特征

【生长习性】

广玉兰喜光，而幼时稍耐阴。喜温湿气候，有一定抗寒能力。适生于干燥、肥沃、湿润与排水良好的微酸性或中性土壤中，用碱性土种植易发生黄化，忌积水、排水不良。对烟尘及二氧化硫气体有较强抗性，病虫害少。根系深广，抗风力强。特别是播种苗树干挺拔，树势雄伟，适应性强。

【园林用途】

广玉兰为珍贵的树种之一，在庭园、公园、游乐园、墓地均可采用，可孤植、对植、丛植、群植配置，也可作行道树，最宜单植在宽广开阔的草坪上或配植成观赏的树丛，不宜植于狭小的庭院内，否则不能充分发挥其观赏效果。与彩叶树种配植，能产生显著的色相对比，从而使街景的色彩更显鲜艳和丰富（图 5-21）。

图 5-21　广玉兰园林用途

【繁殖方法】

广玉兰常采用嫁接繁殖。

1. 砧木选择与培育

常用玉兰、紫玉兰等作砧木，紫玉兰又叫木兰。紫玉兰可用播种法育苗（参见玉兰）。

扦插是紫玉兰的主要繁殖方法。扦插时间对成活率的影响很大，一般 5 ～ 6 月进行，插穗以幼龄树的当年生枝成活率最高。用 50 毫克 / 升的萘乙酸浸泡基部 6 小时，可提高生根率。

2. 嫁接方法

用春季枝接，参见第二章第二节的嫁接繁殖。为提高广玉兰嫁接成活率，注意嫁接时期以 3 月中旬较好；砧木粗度以 1.0 厘米以上为好。接穗事先沙藏 1 周，砧木提前 2 ～ 3 天剪断，对提高嫁接成活率有利。嫁接方法最好采用带顶芽切接，此方法嫁接成活率明显高于不带顶芽切接和芽接。

【栽培管理】

广玉兰移植以早春为宜，但梅雨季节移植最佳。广玉兰大树移植需带大土球，一般土球直径为树干胸径的 10 ～ 15 倍。

广玉兰移栽后，第一次定根水要及时浇，并且要浇足、浇透。7 天后再浇 1 次，以后根据实际情况适当浇水。若移植后降水过多，还需开排水槽，以免根部积水，导致广玉兰烂根死亡。高温季节每天 9 点至 17 点时，对树体喷水 5 ～ 8 次，以喷湿树体枝叶为宜，直到成活为止。

为广玉兰补充养分是日常养护的重中之重。只有给苗木提供了充足的养分，它才会多开花、花期长、气味浓郁，更加惹人喜爱。施肥的原则是少量多次，不能一次施肥太多，否则会对广玉兰的根产生影响。

八、桂花

【科属】木犀科、木犀属

【产地分布】

原产于中国西南、华南及华东地区，现四川、云南、贵州、广东、广西、湖南、湖北、浙江等地均有野生资源。现今欧美许多国家以及东南亚各国都普遍栽培，成为重要的香花植物。

【形态特征】

常绿乔木或灌木，高 3 ～ 5 米，最高可达 18 米。树皮灰褐色；小枝黄褐色。叶片革质，椭圆形、长椭圆形或椭圆状披针形，先端渐尖，基部渐狭呈楔形或宽楔形，全缘或通常上半部具细锯齿，两面无毛。聚伞花序簇生于叶腋，或近于帚状，每腋内有花多朵；花极芳香；花冠黄白色、淡黄色、黄色或橘红色（图 5-22）。果歪斜，椭圆形，呈紫黑色。花期 9 ～ 10 月，果期翌年 3 月。

图 5-22　桂花形态特征

【生长习性】

桂花适应于亚热带气候地区。性喜温暖湿润气候和微酸性土壤，不耐干旱瘠薄。种植地区平均气温 14 ～ 28℃，7 月平均气温 24 ～ 28℃，1 月平均气温 0℃以上，能耐最低气温 -10℃。湿度对桂花生长发育极为重要，若遇到干旱会影响开花，强日照和荫蔽对其生长不利，一般要求每天 6 ～ 8 小时光照。

【园林用途】

桂花终年常绿，枝繁叶茂，秋季开花，在园林中应用普遍，常作园景树，有孤植、对植，也有成丛成林栽种（图 5-23）。在我国古典园林中，桂花常与建筑物、山、石相配，以丛生灌木型植于亭、台、楼、阁附近。旧式庭园常用对植，古称"双桂当庭"或"双桂留芳"。桂花对有害气体二氧化硫、氟化氢有一定的抗性，也是工矿区绿化的一种好花木。

图 5-23　桂花园林用途

【品种分类】

桂花分为四个品种群，即丹桂、金桂、银桂和四季桂群。其中丹桂、金桂和银桂都是秋季开花，又可以统称为八月桂。

1. 丹桂

丹桂的气味浓郁，叶片厚，色深。一般秋季开花且花色很深，主要以橙黄、橙红和朱红色为主。丹桂分为满条红、堰虹桂、状元红桂、朱砂桂、早红丹桂、败育丹桂和硬叶丹桂。

2. 金桂

金桂秋季开花，花色主要以黄色为主（柠檬黄与金黄色），且气味较丹桂要淡一些，叶片较厚。其中金桂又分长柄金桂、球桂、金球桂、狭叶金桂、柳叶苏桂和金秋早桂等众多品种。

3. 银桂

银桂的叶片与其他桂树相比较薄，花香与金桂差不多，不是很浓郁。银桂于秋季开花，花色以白色为主，呈纯白、乳白和黄白色，极个别特殊的会呈淡黄色。银桂分为玉玲珑、柳叶银桂、长叶早银桂、籽银桂、白洁桂、早银桂、晚银桂和九龙桂等。

4. 四季桂

四季桂也叫月月桂。花朵颜色稍白，或淡黄，香气较淡，且叶片比较薄。与其他品种最大的差别就是它四季都会开花，但是花香也是众多桂花中最淡的，几乎闻不到花香味。四季桂分为佛顶珠，日香桂等。

【繁殖方法】

桂花的繁殖方法有播种、扦插、嫁接和压条等。生产上以扦插和嫁接繁殖最为普遍。桂花播种繁殖的后代变异大，有的品种不结实或结实少，所以生产上很少采用这种方法。

1. 嫁接繁殖

（1）培育砧木。多用女贞、小叶女贞、小叶白蜡等 1～2 年生苗木作砧木。其中用女贞嫁接桂花成活率高、初期生长快，但伤口愈合不好，遇大风吹或外力碰撞易发生断离。

（2）嫁接方法。嫁接在清明节前后进行。生产上最常用的方法有两种，一是劈接法，二是腹接法。接穗选取成年树上充分木质化的 1～2 年生的健壮、无病的枝条为宜，去掉叶片、保留叶柄，随取穗随嫁接。参见第二章第二节嫁接繁殖。

2. 扦插繁殖

（1）扦插时间。可在 3 月初至 4 月中旬选 1 年生春梢进行扦插，这是最佳扦插时间。也可在 6 月下旬至 8 月下旬选当年生的半熟枝进行带踵扦插，但它对温湿度的控制要求高。

（2）插穗的剪取与处理。从中幼龄树上选择树体中上部、外围的健壮、饱满、无病虫害的枝条作插穗。将枝条剪成 10～12 厘米长，除去下部叶片，只留上部 2 片叶，也可将叶片剪掉一半。有条件的可用 50～100 毫克／升生根激素浸 0.5～1 小时，对插条生根大有好处。

（3）基质准备。用微酸性、疏松、通气、保水力好的土壤作扦插基质。扦插前用多菌灵等药物对基质消毒杀菌。

（4）插后管理。主要是控制温度和湿度，这是扦插能否生根成活的关键。最佳生根地温为 25～28℃，最佳相对湿度应保持在 85% 以上。可采用遮阳、拱塑料棚、喷水等办法控制（图 5-24）。其次要注意防霉，因高温高湿易生霉菌，每周可交替使用多菌灵、甲基托布津喷洒杀菌。

图 5-24　桂花插后管理

3. 压条繁殖

压条时间应选在春季芽萌动前进行。因桂花枝条不易弯曲，所以它一般不采用地压法，只采用高压法。采用高压法时，首先选优良母株上生长势强的 2～3 年生枝条，在枝上环剥 0.3 厘米宽的一圈皮层，再在环剥处涂以 100 毫克 / 升的萘乙酸，最后用塑料薄膜装上山泥、腐叶土、苔藓等，将刻伤部分包裹起来，浇透水，把袋口包扎固定。时常注意观察，并及时补水，使包扎物总是处于湿润状态。经过夏秋二季培育会长出新根。在次年春季将长出根的枝条剪离母体，拆开包扎物，带土移入容器内，浇透水，置于阴凉处养护，待萌发大量的新梢后，再接受全光照。

【栽培管理】

移植常在 3 月中旬至 4 月下旬或秋季花后进行，必要时雨季也可。桂花需带土球移植，移植时还需进行树冠修剪、拢冠，用草绳包扎主干和大枝。栽植宁浅勿深，以土球露出土表 1/5 为宜。栽植后浇足定根水，高温时应搭建荫棚，以防强烈日晒，减少水分蒸发。也可用地膜覆盖树盘，减少土壤水分蒸发，促进根系生长。

栽后根据天气和土壤湿度确定浇水次数和浇水量。雨天可不浇水，干热大风天气，每天早晚都要浇水或向树体（树冠和包裹草绳的主干、大枝）喷雾多次。花前注意灌水，花期控水。桂花喜肥，每年施肥 2 次，11～12 月施基肥，7 月施追肥。

九、榕树

【科属】桑科、榕属
【产地分布】
分布于台湾、浙江、福建、广东、广西、湖北、贵州、云南等地。

【形态特征】

常绿大乔木，高达 15 ～ 25 米，胸径达 50 厘米，冠幅广展；老树常有锈褐色气生根。树皮深灰色。叶薄革质，狭椭圆形，先端钝尖，基部楔形，表面深绿色，干后深褐色，有光泽，全缘，基生叶脉延长，侧脉 3 ～ 10 对；托叶小，披针形（图 5-25）。榕果成熟时黄或微红色，扁球形；雄花、雌花、瘿花同生于一榕果内，瘦果卵圆形。花期 5 ～ 6 月。

图 5-25　榕树形态特征

【生长习性】

喜阳光充足、温暖湿润的气候，不耐旱，怕烈日曝晒。不耐寒，除华南地区外多作盆栽。对土壤要求不严，在微酸和微碱性土中均能生长。

【园林用途】

榕树四季常青，树冠浓密，叶色深绿，耐修剪；能大量地吸收噪音，极耐污染。气生根得天独厚，姿态优美，具有较高的观赏价值和良好的生态效果，广栽于南方各地。常用作行道树，亦可孤植或丛植于园林绿地、庭园中观赏（图 5-26）。

图 5-26　榕树观赏效果

【繁殖方法】

南方可于早春在温室内扦插，多在雨季于露地苗床扦插。扦插基质可采用河沙或蛭石、珍珠岩，插后应遮阴保湿，25～30℃气温下，一个多月即可发根。为了加快生根，可用萘乙酸、吲哚丁酸或生根粉处理插穗后再插。

为了促使榕树上长出气生根，可以在需要长根的位置用刀刻伤，蘸抹少许萘乙酸或生根粉，用塑料布包裹起来，形成一个湿度较大的小环境，使用这种方法很快便可长出许多不定根。

【栽培管理】

榕树移植多在春季萌芽前进行，要尽量多带宿土，少伤根。栽植后浇一次透水，适当遮阴，炎热季节常向叶面或周围环境喷水，以提高成活率。成活后，冬春浇水少些，夏秋适当多些。

十、棕榈

【科属】棕榈科、棕榈属

【产地分布】

分布于长江以南各省区。在长江以北虽可栽培，但冬季茎需裹草防寒。

【形态特征】

别名棕树，常绿，乔木状，高3～10米或更高。树干圆柱形，茎上常残存老叶柄和纤维叶鞘。叶簇生于顶部，近圆形，掌状深裂达中下部（图5-27）。雌雄异株，花序粗壮，多次分枝，从叶腋抽出；雄花序长约40厘米，具有2～3个分枝花序，雄花无梗，黄绿色；雌花淡绿色，通常2～3朵聚生。果实阔肾形，成熟时由黄色变为淡蓝色。花期4月，果期12月。

图 5-27　棕榈形态特征

【生长习性】

棕榈性喜温暖湿润的气候，极耐寒，较耐阴，成品极耐旱，不耐太大的日夜温差。棕榈是国内分布最广，分布纬度最高的棕榈科种类。适生于排水良好、湿润肥沃的中性、石灰性或微酸性土壤，耐轻盐碱。抗大气污染能力强。易风倒，生长慢。

【园林用途】

常零星种植于草地、树荫、路旁、宅旁等，最适对植、列植于庭前和路边，或群植于池旁，为分布区内四旁绿化的优良树种（图5-28）。

图 5-28　棕榈园林用途

【繁殖方法】

常用播种繁殖。

1. 采种贮存

在 11 ~ 12 月间，从 15 ~ 40 年生的壮年树上采种，种实完全成熟、呈灰褐色时采收。种实除去小枝梗后，放在室内，铺 12 ~ 15 厘米厚，摊晾 15 天左右，即可播种。若春播应将种子与湿沙混合，摊放于室内，上盖一层稻草，保湿贮存。

2. 整地播种

应选择靠近水源、较肥沃的砂壤土或黏壤土，施肥、耕翻后，作宽 1.4 米的畦。播前要将种子放在草木灰水中浸泡 48 ~ 64 小时，擦去果皮和种子外的蜡质，洗净播种。由于棕树种子的发芽率一般只有 40% 左右，每亩应播种 50 ~ 60 千克。多采用条播，行距 20 ~ 25 厘米。播后用灰粪和细碎肥沃的土杂粪混合后盖种，覆盖 2 ~ 2.5 厘米为度。然后上盖一层稻（麦）草，以防土壤干燥板结。

3. 苗期管理

出苗 80% 以上时，于傍晚将盖草掀去，用喷壶喷湿畦面。幼苗期要保持土壤湿润，及时拔除杂草。出苗一个月后，浇施 0.5% 的尿素。高温季节，要遮阴，9 月后停止追肥，以免徒长，影响越冬。冬季可在圃地上盖草防冻。

4. 移栽

次年春、秋均可移植。选择土壤潮湿肥沃、排水良好的地块，深翻 30 厘米左右，把杂草灌丛埋入土中。移植时，小苗可以裸根，起苗时注意多带须根；大苗需带土球移植。棕榈苗无主根，栽植时注意使须根群向四方伸展，然后填土踩实，不宜栽植过深，严防把苗心埋入土中。

【栽培管理】

棕榈移栽于春秋两季进行，尽量避免夏冬两季。移植时尽量保护茎生长点，并用草绳裹干，去除老叶，根据树势强弱保留的叶片可剪去 1/5 ~ 1/3，以尽量减少水分蒸发。

十一、椰子

【科属】棕榈科、椰子属

【产地分布】

主要分布在南北纬 20° 之间，尤以赤道滨海地区分布最多。中国种植椰子已有 2000 多年的历史，现主要集中分布于海南各地、台湾南部、广东雷州半岛、云南西双版纳。

【形态特征】

植株高大，乔木状，高 15 ~ 30 米，茎粗壮，有环状叶痕，基部增粗。叶羽状全裂，裂片多数，外向折叠，革质，线状披针形；叶柄粗壮，长达 1 米以上（图 5-29）。花序腋生，多分枝；佛焰苞纺锤形，厚木质，老时脱落。果卵球状或近球形，顶端微具三棱，外果皮薄，中果皮厚纤维质，内果皮木质坚硬，基部有 3 孔，其中的 1 孔与胚相对，萌发时即由此孔穿出，其余 2 孔坚实，果腔含有胚乳（即"果肉"或种仁）、胚和汁液（椰子水）。花果期主要在秋季。

图 5-29　椰子形态特征

【生长习性】

椰子为热带喜光树种，在高温、多雨、阳光充足和海风吹拂的条件下生长发育良好。在年平均温度 24℃ 以上，温差小，全年无霜地区，椰子才能正常开花结果，最适生长温度为 26 ~ 27℃。一年中若有一个月的平均温度为 18℃，其产量则明显下降，若平均温度低于 15℃，就会引起落花、落果和叶片变黄。

水分条件应为年降雨量 1500 毫米以上，而且分布均匀，有灌溉条件，年降雨量为 600 ~ 800 毫米也能良好生长；干旱对椰子产量的影响长达 2 ~ 3 年，长期积水也会影响椰子的长势和产量。

椰子适宜的土壤是海岸冲积土和河岸冲积土，其次是砂壤土，再次是砾土，黏土最差。地下水位要求 1.0 ~ 2.5 米，排水不良的黏土和沼泽土不适宜种植。就土壤肥力来说，要求富含钾肥。土壤 pH 值可为 5.2 ~ 8.3，但以 7.0 最为适宜。

【园林用途】

适宜作行道树，或孤植、丛植于草坪或庭院之中，观赏效果极佳。椰子是少数能直接栽种于海边的棕榈植物（图 5-30）。

图 5-30　椰子园林用途

【繁殖方法】

椰子常采用播种繁殖法。

1. 种子催芽方法

椰子催芽要注意品种不同、类型不同，其发芽时间也不同。海南高种椰子播种后30天左右开始发芽，90天发芽率达到高峰，150天后不发芽的种果应予以淘汰；马黄矮、矮种椰子播种后30天开始发芽，80天左右达到发芽高峰期，110天发芽率开始下降，150天后不发芽的种果应予以淘汰；马哇杂交种椰子播种约90天开始发芽，180天发芽率达到高峰，240天后种果不发芽的给予淘汰。

椰子品种不同，其发芽时间也不同，这是某一品种固有特性的表现，可以遗传给后代，如马哇杂交种，其父本为西非高种，种果发芽比较迟，故杂交种马哇发芽时间也迟，持续时间也长，不能采用自然催芽方法催芽，种果采收之后，应立即在催芽圃播种催芽、淋水、管理，才能达到满意的效果。常见的种子催芽方法如下。

（1）悬挂种果催芽法。把种果串起来吊在空中，让其自然发芽，长出芽的种果取下育苗，不发芽的种果卖给工厂加工各种产品，见图5-31（a）。

（2）穿株堆叠催芽法。用竹篾或铁线把种果10个串成一串，然后一串一串堆叠成柱状，高度0.5～0.8米，在树荫下或空旷地上，让其自然发芽，待种果大部分发芽后，取出果芽育苗，不发芽种果出售加工，见图5-31（b）。

（3）自然堆叠催芽法。种果随意堆成堆，让其自然发芽，芽长至15厘米后取出育苗。该法发芽不整齐，畸形苗多，见图5-31（c）。

(a) 悬挂种果催芽法

(b) 穿株堆叠催芽法

(c) 自然堆叠催芽法

图5-31　椰子自然催芽

以上 3 种为自然催芽法，是过去农民习惯的传统催芽方法，只能用于高种椰子，不适用于矮种椰子和杂交种椰子或种果较小的椰子，以及发芽迟的椰子品种。自然催芽法，虽然不建催芽圃，省地省工，管理费用低些，但由于种果摆放不当，发芽率低，畸形苗和劣质苗多，持续时间长，种苗质量差，易遭鼠害，不宜采用。

（4）半荫地播催芽。选择半荫蔽、通风、排水良好的环境，清除杂草树根，耕深15 ～ 20厘米，开沟，宽度比果稍宽，将种果一个接一个地斜靠沟底45°角，埋土至果实的1/2 ～ 2/3（图5-32）。

这种方法大大改善了自然催芽方法中的光、温、水分和通气条件，并可提早 1 个月发芽，催芽 7 个月发芽率就可达到 70% 以上，同时又可避免鼠害，且能及时分床育苗，提高成苗率，改善幼苗的生长状况。

图 5-32　椰子半荫地催芽

（5）露天地播催芽。播种前要将椰果的果蒂摘除，发现有果蒂湿润、响水轻微的果实，应拣出来，分别催芽，以利掌握情况提早处理加工。6 ～ 8月采收的种果，要适当划松果肩椰衣和切除果顶一面约鸭蛋大小的部分椰衣，简称松衣、去顶。这种处理法，有利于种果通气和吸收水分，对促进发芽、根系入土和加速幼苗生长均有良好效果。但在9 ～ 10月采收的种果，则不宜松衣，以免冷空气侵入，影响其发芽速度和幼苗生长。

选择有水源条件、光充足之处建苗圃，要求土壤疏松、排水良好，圃地要清除杂草树根，深翻20 厘米以上，开沟，宽度比果稍宽，将种果一个接一个地斜靠沟底 45 度角，埋土至果实的 1/2 ～ 2/3。开始发芽后，每隔 1 ～ 2 天喷灌或浇灌种果 1 次。6 个月时发芽率可提高到90% 左右，并且椰苗抽叶快，羽化早，生长健壮。因此，这是目前最好的催芽方法（图5-33）。

图 5-33　椰子露天地播催芽

2. 移栽

种子催芽后，芽长至10～15厘米时，应及时移栽到苗圃中育苗（也可以采用容器育苗）。此时已长出船形叶，种苗优劣外观上可以鉴别，种果刚开始出根，移苗时伤根少，起苗和育苗操作比较容易。由于种果发芽不整齐，持续时间较长，品种不同发芽时间也有所差异。因此，移苗时应按其规律分期、分批移苗和育苗。

种果发芽率一般为70%～80%，其中混杂一些劣苗。因此，每次移苗，必须严格选择优良壮苗，淘汰劣苗。一般后期发芽的苗多属劣苗，往往是低产类型。在选择的移苗数量达种果数的70%～80%时，就可停止移苗。余下种苗和种果均予以淘汰。优良种苗选择标准：健壮，笔直，单芽，发芽早，叶片羽化早，茎粗，生势旺盛。应淘汰的劣苗是瘦弱苗、畸形苗、白化苗、鼠尾苗、短叶和窄叶苗。

移苗到有适度荫蔽的苗圃中，要注意浇水、排水、除草和施肥。一般一年左右，苗高约1米便可出圃定植。

【栽培管理】

椰子一般在雨季定植，成活率高。定植前施足基肥，植后初期要适当遮阴，并要灌水保湿，常向树冠喷水，可提高成活率。

椰子树需钾肥最多，其次为氮、磷和氯肥，但必须注意平衡施肥。一般施肥以有机肥为主，化肥为辅，并施一些食盐。每年可在4～5月及11～12月施肥，在距离树基部1.5～2米处开施肥沟，效果较好。

第二节 常绿灌木的育苗技术

一、夹竹桃

【科属】夹竹桃科、夹竹桃属

【产地分布】

原产于伊朗、印度等国家。现广植于亚热带及热带地区。中国引种始于十五世纪，各省区均有栽培。

【形态特征】

常绿直立大灌木，高达5米，枝条灰绿色，含汁液；嫩枝条具棱。叶3～4枚轮生，窄披针形，叶面深绿，叶背浅绿色。聚伞花序顶生，着花数朵；花芳香；花冠深红色或粉红色，栽培演变有白色或黄色，花有单瓣和重瓣（图5-34）。花期几乎全年，夏秋最盛；果期一般在冬春季，栽培品种很少结果。

【生长习性】

喜光，喜温暖湿润气候，不耐寒，忌水渍，耐一定程度的空气干燥。适生于排水良好、肥沃的中性土壤，微酸性、微碱土也能适应。

图 5-34　夹竹桃形态特征

【园林用途】

　　夹竹桃是有名的观赏花卉，常孤植、丛植、列植于园林绿地、庭院、路旁（图 5-35）。夹竹桃有抗烟雾、抗灰尘、抗毒物、净化空气和保护环境的能力，对二氧化硫、氟化氢、氯气等有害气体有较强的抵抗作用。但根、花、树皮、叶片对人体有毒。

图 5-35　夹竹桃园林用途

【繁殖方法】

夹竹桃主要用扦插繁殖。

1. 苗床的选择及处理

　　选择背风向阳、不积水的地块建苗床，深耕、整地。床宽 1 米，步道宽 50 厘米，长度适宜。土壤黏重时，可适当掺沙，并注意土壤消毒。

2. 选穗

　　插条一般要选择当年生中上部向阳的，且节间较短，枝叶粗壮，芽子饱满的枝条。在同一枝条上，硬枝插一般选用中下部枝条，插穗上端平剪，下端斜剪。剪取枝条时，选直径 1 ～ 1.5

厘米的粗壮枝条，插穗长度 15～20 厘米，插穗必须带有二三个芽，去除下部叶片。

3. 插穗处理

做到随采条、随短截、随扦插。为提高扦插成活率，在扦插时，把数十根插条整齐地捆成捆，用 ABT 生根粉 1 号 100 毫克 / 升浸条 2～8 小时，用生根粉 6 号 30～100 毫克 / 升浸条 1～8 小时。

4. 扦插

扦插前灌足水，将处理过的插穗按 5 厘米 ×5 厘米株行距扦插。要注意插穗的上下端，不能倒插，必须使插穗切口与土壤密接，并防止擦伤插穗下切口的皮层。为此，可用铁条等先在插床穿孔，再插入插穗。扦插深度一般以地上部露一两个芽为宜。

5. 插后管理

扦插后一定要喷足水，使土壤与插条密切接触。为防止中午气温过高，最好遮阴。根据土壤湿度状况每天早晚喷水一次，但喷水量不可过多，否则影响插条愈合生根（图 5-36）。为防止病菌发生，每隔 10 天左右，喷洒一次杀菌药液。第二年春季移栽。

图 5-36　夹竹桃绿枝扦插生根

【栽培管理】

夹竹桃移栽需在春季进行，移栽时树冠应进行重剪。小苗和中苗带宿土移植，大苗需带土球移植。

夹竹桃的适应性强，栽培管理比较容易，较粗放。夹竹桃一般于露地栽植，9 月中旬，应在主杆周围切毛细根（毛细根生长快），切根后浇水，施稀薄的液体肥。冬季注意保护，越冬的温度需维持在 8～10℃，气温低于 0℃时，夹竹桃会落叶。

二、铺地柏

【科属】柏科、刺柏属

【产地分布】

铺地柏原产于日本。在黄河流域至长江流域广泛栽培，现各地都有种植。

【形态特征】

铺地柏是一种矮小的常绿匍匐小灌木，高达 75 厘米，冠幅 2 米。枝干贴近地面伸展，小枝密生。叶多为刺形叶，先端尖锐，3 叶交互轮生，表面有 2 条白色气孔线，下面基部有 2 个白色斑点，叶基下延生长。球果球形，被白粉，内含种子 2～3 粒（图 5-37、图 5-38）。

图 5-37　铺地柏叶、果形态特征

图 5-38　铺地柏枝干形态特征

【生长习性】

铺地柏为温带阳性树种，栽培、野生均有。喜生于湿润肥沃、排水良好的钙质土壤中，耐寒、耐旱、抗盐碱，在平地或悬崖峭壁上都能生长；在干燥、贫瘠的山地上，生长缓慢，植株细弱。浅根性，但侧根发达，萌芽性强，寿命长，抗烟尘，抗二氧化硫、氯化氢等有害气体。

【园林用途】

铺地柏是城市绿化中常用的植物，对污浊空气具有很强的耐力，在市区街心、路旁种植，生长良好，不碍视线，可吸附尘埃，净化空气。常配植于草坪、花坛、山石、林下，可增加绿化层次，丰富观赏美感（图 5-39）。

图 5-39　铺地柏园林用途

【繁殖方法】

常用扦插法繁殖，也可采用嫁接、压条法育苗。

1. 扦插育苗

休眠枝扦插于3月进行，插穗长10～12厘米，剪去下部鳞叶，插入土中5～6厘米深，插后按实，充分浇水，搭棚遮阴（图5-40），保持空气湿润，但土壤不宜过湿，插后约100天开始发根。6～7月亦可用半木质化枝扦插，但管理要求高，而且成活率不是太高。

图5-40　铺地柏扦插育苗

2. 嫁接育苗

2月下旬至4月下旬行腹接（具体操作参见第二章第二节的嫁接育苗），以侧柏作砧木，接后埋土至接穗顶部，成活后先剪去砧木上部枝叶，第二年齐接口截去，成活率可达95%。

3. 压条育苗

春夏季选择生长旺盛的枝条，割伤皮层（不割也可以），用竹签固定，上覆肥土和盖草，经常保持湿润，当年即可发根，第二年春季剪去分栽。

【栽培管理】

铺地柏移植以3～4月份为好。铺地柏适应性强，对土壤要求不严，但最好选择肥沃、湿润、排水良好、富含腐殖质的土壤栽植。铺地柏喜湿润，但怕水涝，夏季要常浇水，可保持叶色鲜绿，但也不宜渍水。

铺地柏宜在早春新枝抽生前修剪，将不需要发展的侧枝及时剪短，以促进主枝发育伸展。

三、红叶石楠

【科属】蔷薇科、石楠属

【产地分布】

中国华东、中南及西南地区有栽培。

【形态特征】

红叶石楠是蔷薇科石楠属杂交种的统称，为常绿小乔木，在园林绿化中常作灌木栽培。株高 4～6 米，叶革质，长椭圆形至倒卵披针形，春季新叶红艳，夏季转绿，秋、冬、春三季呈现红色，霜重色愈浓，低温色更佳（图 5-41、图 5-42）。花期 4～5 月，梨果红色，能延续至冬季，果期 10 月。

图 5-41　夏季红叶石楠的形态特征

图 5-42　秋季红叶石楠的形态特征

【生长习性】

喜光，稍耐阴，喜温暖湿润气候，耐干旱瘠薄，有一定的耐盐碱能力，不耐水湿。喜温暖、潮湿、阳光充足的环境。耐寒性强，能耐最低温度 -18℃。适宜各类中肥土质。红叶石楠生长速度快，萌芽性强，耐修剪，易于移植、成形。

【园林用途】

红叶石楠因其耐修剪且四季色彩丰富，适合在园林景观中作高档色带。1～2 年生的红叶石楠可修剪成矮小灌木，在园林绿地中作为色块植物片植，或与其他彩叶植物组合成各种图案；也可群植成大型绿篱或幕墙，在居住区、厂区绿地、街道或公路旁作绿化隔离带应用（图 5-43、图 5-44）。红叶石楠还可培育成独干、球形树冠的乔木，在绿地中作为行道树或孤植作庭荫树。它对二氧化硫、氯气有较强的抗性，具有隔音功能，适用于街坊、厂矿绿化。

图 5-43　红叶石楠作绿篱

图 5-44　红叶石楠修剪造型

【繁殖方法】

红叶石楠的繁殖主要采用扦插法。

1. 选好圃地

应选水源较好而地势较高的砂壤土作圃地，建立苗床、搭建拱棚。苗床宽1.2米，长度适宜，在苗床中铺设扦插基质，用50%的多菌灵可湿性粉剂消毒，每平方米拌1.5克。也可按1∶20的比例配制成药土撒在苗床上，均能有效防治苗期病害。

2. 扦插时间

红叶石楠扦插时间是春季3月上旬，夏季扦插于6月上旬进行，秋季扦插于9月上旬进行。

3. 扦插方法

（1）从红叶石楠扦插母株中采取半木质化或木质化的当年枝条为插穗，剪成长度约3～5厘米的一芽一叶，或10～15厘米（3～5节）插穗（图5-45）。每个穗条保留半张叶片，插穗下端采用平切口，切口平滑。

图 5-45　红叶石楠插穗

（2）扦插枝条用生根剂处理。常用强力生根粉500～1000毫克/升速蘸或50～100毫克/升全穗浸泡3～10小时。

（3）扦插深度为2～4厘米，密度以扦插后叶片不重叠为宜，一般株行距4厘米×5厘米，密度为500株/米²左右。

（4）扦插后浇透水，叶面喷洒1000倍液的多菌灵消毒杀菌，然后在拱棚上覆盖塑料薄膜和遮阳网，进入扦插后管理。

4. 苗床管理

红叶石楠扦插后一周，在雨天或晴天的早晨或傍晚，要检查苗床，基质含水量为饱和含水量的60%～70%，空气相对湿度95%以上为宜。红叶石楠扦插20天以后，有部分穗条发根。当多数穗条开始发根后，应适当降低基质含水量，保持在饱和含水量的40%左右即可。这时可以逐步开膜通风，以降低基质含水量。当有50%以上的穗条抽芽发出新叶片时，可除去薄膜，这时期应注意保持基质湿润。

红叶石楠小拱棚扦插时，晴天，特别是夏季和秋季，小拱棚上面要加盖遮阳网，控制小拱棚内的气温在38℃以下，否则容易烧苗，甚至造成整个小棚全军覆没；全部发根和50%以上发叶后，逐步除去小拱棚的薄膜和遮阳网（图5-46）。

注意防治炭疽病和根腐病，一般扦插后每隔7～10天喷一次炭疽福美和多菌灵防治，可每次一种药，交替使用。

图5-46　去除小拱棚的薄膜和遮阳网

【栽培管理】

红叶石楠的移栽多在春季3～4月进行，秋末冬初也可，小苗带宿土，大苗带土球并剪去部分枝叶。栽前施足基肥，栽后及时浇足定根水。成活后生长期注意浇水，特别是6～8月高温季节，宜半月浇1次水。春夏季节可追施一定量的复合肥和有机肥。

四、红花檵木

【科属】金缕梅科、檵木属

【产地分布】

主要分布于长江中下游及以南地区。产于湖南浏阳、长沙县，江苏苏州、无锡、宜兴、溧阳等地。

【形态特征】

红花檵木为檵木的变种，别名红继木、红桎木、红檵花等。常绿灌木、小乔木。多分枝；叶革质，卵形，无光泽，全缘；嫩叶鲜红色，老叶暗红色。花3～8朵簇生，有短花梗，紫红色，比新叶先开放，或与嫩叶同时开放；花瓣4片，带状，先端圆或钝；雄蕊4个，花丝极短（图 5-47）。4 ～ 5 月开花，花期长，一般 30 ～ 40 天，国庆节能再次开花。果期 9 ～ 10 月。

图 5-47　红花檵木形态特征

【生长习性】

喜光，稍耐阴，但阴时叶色容易变绿。适应性强，耐旱。喜温暖，耐寒冷。萌芽力和发枝力强，耐修剪。耐瘠薄，但适宜在肥沃、湿润的微酸性土壤中生长。

【园林用途】

红花檵木枝繁叶茂，姿态优美，耐修剪，耐蟠扎，可用于绿篱和灌木球，也可用于制作树桩盆景。可孤植、丛植、群植，主要用于园林景观、城市绿化景观、道路绿化隔离带、庭院绿化中。花和叶色泽美丽、多变，是观叶、观花、观形的优良树种（图 5-48）。

图 5-48　红花檵木观赏效果

【繁殖方法】

1. 播种繁殖

一般在 10 月采收种子，11 月份冬播或将种子密封干藏。春季播种前将种子用沙子擦破种皮后条播于半沙土苗床上，覆土厚 1 厘米，并覆草保温、保湿。播后 25 天左右发芽，发芽率较低。

因红花檵木有性繁殖的苗期长，生长慢，且有白檵木苗出现（返祖现象），一般不用于苗木生产，而用于嫁接砧木用。

2. 嫁接繁殖

主要用切接和芽接 2 种方法。嫁接于 2 ～ 10 月进行，切接以春季发芽前进行为好，芽接则宜在 9 ～ 10 月。以白檵木中、小型植株为砧木进行多头嫁接，加强水肥和修剪管理，1 年内可以出圃。嫁接苗人工整形后观赏效果甚好，见图 5-49。

图 5-49　红花檵木嫁接苗人工整形后的观赏效果

3. 扦插繁殖

嫩枝扦插于 5 ～ 8 月进行，采用当年生半木质化枝条，剪成 10 ～ 15 厘米长的插穗，扦插密度为 10 厘米 ×20 厘米，插入土中 1/3 ～ 1/2；插床基质可用珍珠岩或用 2 份河沙、6 份黄土或山泥混合。插后搭棚遮阴，适时喷水，保持土壤湿润，30 ～ 40 天即可生根。

扦插法繁殖系数大，但长势较弱，出圃时间长，而多头嫁接的苗木生长势强，成苗出圃快，却较费工。

【栽培管理】

红花檵木的移栽宜在春季萌芽前进行，小苗带宿土，大苗带土球，红花檵木移栽前，应施基肥，移栽后适当遮阴。生长季节用中性叶面肥 800 ～ 1000 倍稀释液进行叶面追肥，每月喷 2 ～ 3 次，以促进新梢生长。南方梅雨季节时，应注意保持排水良好，高温干旱季节，应保证早、晚各浇水 1 次，中午结合喷水降温。北方地区因土壤、空气干燥，必须及时浇水，保持土壤湿润，秋冬及早春注意喷水，保持叶面清洁、湿润。

五、冬青卫矛

【科属】卫矛科、卫矛属

【产地分布】

产于贵州西南部、广西东北部、广东西北部、湖南南部、江西南部。现各省区均有栽培。华北北部地区需保护越冬，在东北和西北的大部分地区均作盆栽。

【形态特征】

别名大叶黄杨、正木。常绿灌木或小乔木，高 0.6～2.2 米，胸径 5 厘米；小枝四棱形，光滑、无毛。单叶对生，叶革质或薄革质，卵形、椭圆状或长圆状披针形以至披针形，先端渐尖，顶端钝或锐，基部楔形或急尖，边缘下曲，叶面光亮。花序腋生，雄花 8～10 朵，雌花萼片卵状椭圆形，花柱直立，先端微弯曲，柱头倒心形，下延达花柱的 1/3 处。蒴果近球形。花期 3～4 月，果期 6～7 月（图 5-50）。

图 5-50　大叶黄杨形态特征

【生长习性】

喜光，但也耐阴，喜温暖湿润性气候及肥沃土壤。耐寒性差，温度低于 -17℃即受冻害。在北京以南地区可露地自然越冬。耐修剪，寿命很长。

【园林用途】

叶色浓绿有光泽，生长繁茂，四季常青，且有各种花叶变种，抗污染性强，在园林绿化中常用作绿篱，也可修剪成球。在园林中应用最多的是规模性修剪成型，配植有绿篱，栽于花坛中心或对植等（图 5-51）。

图 5-51　大叶黄杨的园林用途

【繁殖方法】

可采用扦插、嫁接、压条法繁殖，以扦插繁殖为主，极易成活。

1. 扦插繁殖

硬枝扦插在春、秋两季进行，扦插株行距保持 10 厘米 ×30 厘米，春季在芽将要萌发时采条，随采随插；秋季在 8～10 月进行，随采随插，插穗长 10 厘米左右，留上部一对叶片，将其余剪去。插后遮阴，气温逐渐下降后去除遮阴并搭塑料小棚，翌年 4 月份去除塑料棚。

2. 嫁接繁殖

园艺变种的繁殖，可用丝棉木作砧木，春季进行靠接。参见第二章第二节的嫁接育苗。

3. 压条繁殖

压条宜选用 2 年生或更老枝条，1 年后可与母株分离。参见第二章第四节的压条繁殖。

【栽培管理】

大叶黄杨移植多在春季 3～4 月进行，小苗可裸根移，大苗需带土球移栽。大叶黄杨喜湿润环境，种植后应立刻浇透水，第二天浇二水，第五天浇三水，三水过后要及时松土保墒，并视天气情况浇水，以保持土壤湿润而不积水为宜。

夏天气温高时应及时浇水，并对其进行叶面喷雾，注意夏季浇水只能在早晚气温较低时进行，中午温度高时则不宜浇水。夏天大雨后，要及时将积水排除，积水时间过长容易导致根系因缺氧而腐烂，从而使植株落叶或死亡。入冬前应于 10 月底至 11 月初浇足浇透防冻水；3 月中旬也应浇足浇透返青水。

大叶黄杨性喜肥，在栽植时应施足底肥，肥料以腐熟肥、圈肥或烘干鸡粪为好，底肥要与种植土充分拌匀。移植成活后每年仲春修剪后施用一次氮肥，可使植株枝繁叶茂；在初秋施用一次磷、钾复合肥，可使当年生新枝条加速木质化，利于植株安全越冬。在植株生长不良时，可采取叶面喷施的方法来施肥，常用的有 0.5% 尿素溶液和 0.2% 磷酸二氢钾溶液。

六、小叶黄杨

【科属】黄杨科、黄杨属

【产地分布】

产于安徽（黄山）、浙江（龙塘山）、江西（庐山）、湖北（神农架及兴山）；树种分布于北京、天津、河北、山西、山东、河南、甘肃等地。

【形态特征】

常绿灌木，高 2 米。茎枝四棱，光滑，密集。叶小，对生，革质，椭圆形或倒卵形，先端圆钝，有时微凹，基部楔形，最宽处在中部或中部以上；有短柄，表面暗绿色，背面黄绿，表面有柔毛，背面无毛，二面均光亮。花多在枝顶簇生，花淡黄绿色，有香气（图 5-52）。花期 3～4 月，果期 8～9 月。

图 5-52　小叶黄杨形态特征

【生长习性】

性喜肥沃湿润土壤，忌酸性土壤。抗逆性强，耐水肥，抗污染，能吸收空气中的二氧化硫等有毒气体，有耐寒、耐盐碱、抗病虫害等许多特性。极耐修剪整形。

【园林用途】

小叶黄杨枝叶茂密，叶光亮、常青，是常用的观叶树种。其抗污染，能吸收空气中的二氧化硫等有毒气体，对大气有净化作用，特别适合车辆流量较高的公路旁栽植绿化。为华北城市绿化、绿篱设置等的主要灌木品种（图5-53）。

图 5-53　小叶黄杨园林用途

【繁殖方法】

1. 扦插繁殖

于4月中旬和6月下旬随剪条随扦插。扦插深度为3～4厘米，扦插密度为278株/米^2。插前灌足底水，插后浇封闭水，然后在畦面上建拱棚，用塑料薄膜覆盖，每隔7天浇1次透水，温度保持在20～30℃，温度过高时要用草帘遮阴，相对湿度保持在75%～85%。

2. 播种繁殖

（1）园地选择。小叶黄杨喜光，在阳光充足和半阴环境下均能正常生长，因此要选择四周开阔、阳光充足、水肥土壤条件良好的地段种植。施入腐熟基肥，深翻，耙平，作畦，畦床宽80厘米，长度视种量多少而定。土壤要用0.1%辛硫磷消毒。

（2）种子处理。种子采集后放在烈日下曝晒会降低含水量，导致其出苗率低。采集后要放在阴凉通风处自然堆放，种果堆放厚度不能超过1厘米。待放到种子开裂后，去除种皮杂质，把种子装入袋中，放在阴凉处备用。

（3）播种。9月上中旬播种。播种前种子要用清水浸泡30小时，水量应以浸过种子为宜。在床面上开条状沟，深度3厘米，然后覆土1厘米，用木板把床面刮平，覆盖30厘米厚稻草。用喷壶浇1次透水，以后每周往稻草上浇2～3次透水。

（4）幼苗管理。4月份为尽快提高地温，应分2次进行撤草。随着苗木的生长，杂草也会伴生，要及时除草。发生病虫害应及时防治。

【栽培管理】

小叶黄杨一般在春季带土球移栽。小叶黄杨易栽培，干旱季节要注意适当浇水，要满足苗木对水分的需求；10～11月，苗木生长趋缓，应适当控水，注意入冬前浇封冻水，来年3月中旬浇返青水。结合浇水，可在生长前期施磷酸二铵和尿素，7月后停止施尿素，控制生长，使其安全越冬。

七、瑞香

【科属】瑞香科、瑞香属

【产地分布】

瑞香为中国传统名花。分布于长江流域以南各省区，主要分布在武夷山。

【形态特征】

别名睡香、蓬莱紫、毛瑞香、千里香等。常绿直立灌木；枝粗壮，通常二歧分枝，小枝近圆柱形，紫红色或紫褐色，无毛。叶互生，浓绿而有光泽，长圆形或倒卵状椭圆形，先端钝尖，基部楔形，边缘全缘，也有叶边缘金色的品种。花香气浓，数朵组成顶生头状花序，花冠黄白色至淡紫色（图5-54）。果实红色。花期3～5月，果期7～8月。

图5-54　瑞香形态特征

【生长习性】

性喜半阴和通风环境，惧暴晒，不耐积水和干旱。

【园林用途】

瑞香的观赏价值很高，其花虽小，却锦簇成团，花香清馨高雅。最适合种于林间空地，林缘道旁，山坡台地及假山阴面，若散植于岩石间则风趣益增。庭院中瑞香常修剪为球形，点缀于松柏之间（图5-55）。

图5-55　瑞香园林用途

【繁殖方法】

1. 扦插繁殖

春季扦插在二月下旬至三月下旬进行，选用一年生的粗壮枝条约 10 厘米左右，剪去下部叶片，保留 2～3 片叶片即可，而后插入苗床；夏插在六月中旬至七月中旬；秋插在 8 月下旬至 9 月下旬，均选当年生枝条。夏、秋扦插，剪下当年生健壮枝条，插条基部最好带有节间，更有利于发根。扦插深度约为插穗的 2/3，插后遮阴，保持湿润，但又不要过湿，45～60 天即可生根。如在插条基部蘸渍木本生根粉，则更有利于插条的生根。

2. 压条繁殖

高压法繁殖宜在 3～4 月份植株萌发新芽时进行。首先选取 1～2 年生健壮枝条，作 1～2 厘米宽环状剥皮处理，再用塑料布卷住切口处，里面填上土，将下端扎紧，塑料布上端也扎紧，但要留一点小孔，以便透气和灌水，保持袋中土壤湿润，一般经 2 个多月即可生根。秋后剪离母体另行栽植。

【栽培管理】

瑞香的移栽宜在春秋两季进行，但以春季开花期或梅雨期移植为宜。移栽时需多带宿土，并对枝条进行适当修剪。

瑞香露地栽培时管理比较粗放，天气过旱时才浇水；越冬前在株丛周围施肥，以氮肥、钾肥为主，常以饼肥、鱼腥肥混合用。但必须是充分发酵好的肥液，还要加上少量的黑矾水。瑞香的用肥不能浓，要淡薄。

八、杜鹃花

【科属】杜鹃花科、杜鹃属

【产地分布】

杜鹃花分布非常广泛，北半球大部分地方都有分布，南半球分布于东南亚和北澳大利亚。全世界的杜鹃花约有 900 种，中国是杜鹃花分布最多的国家，有 530 余种。中国的杜鹃主要产于江苏、安徽、浙江、江西、福建、台湾、湖北、湖南、广东、广西、四川、贵州和云南。生于海拔 500～1200 米（最高可达 3000 米）的山地疏灌丛或松林下，为中国中南及西南典型的酸性土指示植物。

【形态特征】

别名映山红、山石榴等。落叶或半常绿灌木，高 2～7 米；分枝一般多而纤细，但也有罕见粗壮的分枝。叶革质，常集生枝端，卵形、椭圆状卵形或倒卵形或倒卵形至倒披针形，上面深绿色，下面淡白色。花 2～6 朵簇生枝顶；花冠阔漏斗形，玫瑰色、鲜红色或暗红色，裂片 5，倒卵形，上部裂片具深红色斑点（图 5-56）。蒴果卵球形。花期 4～5 月，高海拔地区 7～8 月开花；果期 6～8 月。

【生长习性】

杜鹃花种类多，习性差异大，喜凉爽、湿润气候，恶酷热干燥。要求富含腐殖质、疏松、湿润及 pH 值在 5.5～6.5 之间的酸性土壤。部分种及园艺品种的适应性较强，耐干旱、瘠薄，土壤 pH 值在 7～8 之间也能生长。但在黏重或通透性差的土壤上，生长不良。杜鹃花对光有一定要求，但不耐曝晒。杜鹃花最适宜的生长温度为 15～20℃，气温超过 30℃或低于 5℃

则生长停滞。

图 5-56　杜鹃花形态特征

【园林用途】

杜鹃花花色绚丽，是中国十大传统名花之一。多丛植、群植，主要用于园林景观、城市绿化、庭院绿化（图 5-57）。

图 5-57　杜鹃花园林用途

【品种分类】

杜鹃花品种繁多，多同物异名或同名异物。由于来源复杂，在中国尚无统一的分类标准，常用的分类方法有以下 4 种：

1. 按花色分

杜鹃品种可分为红色系、紫色系、黄色系、白色系、复色系及其他等系列。

2. 按花期分

杜鹃品种可分春鹃、春夏鹃、夏鹃和西鹃。春天开花的品种称为春鹃，春鹃又分为大叶大花和小叶小花两种；6 月开花的称为夏鹃；介于春鹃和夏鹃花期之间的称为春夏鹃；而将从西方传入的单独列为一类称为西洋鹃，简称西鹃。

3. 按花型分

该分类方法主要针对西鹃，以花型为主，结合花色、叶片等形态特征，将西鹃品种分成10个系列，即紫凤朝阳系、芙蓉系（四海波系）、珊瑚系、五宝系、王冠系、冷天银系（仙女舞系）、紫士布系（紫霞迎晓系）、锦系、火焰系及其他品系。

4. 按综合性状分

根据产地来源、亲缘关系、形态习性和观赏特征，进行逐级筛选，先分成东鹃、毛鹃、西鹃、夏鹃4个类型，然后再将每个类型划分为几个组群，最后从组群中分离出各个品种，如西鹃类可分为光叶组、尖叶组、扭叶组、狭叶组、阔叶组等5个组。

【繁殖方法】

1. 播种繁殖

播种，常绿杜鹃类最好随采随播，落叶杜鹃亦可将种子贮藏至翌年春播。杜鹃花种子很小，播种后覆土一定要薄，然后覆草，气温15～20℃时，约20天出苗。

2. 扦插繁殖

一般于5～6月间选当年生半木质化枝条作插穗，插入插穗长的1/3～1/2，插后浇透水，设棚遮阴（图5-58），在温度25℃左右的条件下，1个月即可生根。西鹃生根较慢，需60～70天。

图5-58　杜鹃花扦插荫棚

3. 嫁接繁殖

西鹃繁殖采用嫁接较多，常用劈接法，参见第二章第二节的嫁接繁殖。嫁接时间不受限制，砧木多用二年生毛鹃，成活率达90%以上。

【栽培管理】

长江以南地区以地栽为主，宜选在通风、半阴的地方，土壤要求疏松、肥沃，含丰富的腐殖质，以酸性砂质壤土为宜，并且不宜积水，否则不利于杜鹃花正常生长。

杜鹃花喜肥但怕浓肥。一般人粪尿不适用，适宜追施矾肥水。杜鹃花的施肥还要根据不同的生长时期来进行，3～5月，为促使枝叶及花蕾生长，每周施肥1次。6～8月是盛夏季节，杜鹃花生长渐趋缓慢而处于半休眠状态，过多的肥料不仅会使老叶脱落、新叶发黄，而且容易遭到病虫的危害，故应停止施肥。9 月下旬天气逐渐转凉，杜鹃花进入秋季生长阶段，应每隔 10 天施 1 次 20% ～ 30% 的含磷液肥，可促使植株花芽生长。一般 10 月份以后，秋季生长基本停止，就不再施肥。另外，浇水或施肥用水要注意，应酸化处理（加硫酸亚铁或食醋），pH 值达到 6 左右时再使用。

九、月季花

【科属】蔷薇科、蔷薇属

【产地分布】

中国是月季花的原产地之一。月季花为北京市、天津市、南阳市等市市花。

【形态特征】

别名月月红。常绿或半常绿灌木，或蔓状与攀缘状藤本植物。高 1 ～ 2 米。茎直立；小枝绿色，具弯刺或无刺。羽状复叶具小叶 3 ～ 5 片，稀为 7 片，小叶片宽卵形至卵状椭圆形，先端急尖或渐尖，基部圆形或宽楔形，边缘具尖锐细锯齿，表面鲜绿色。花数朵簇生或单生；花瓣多为重瓣也有单瓣者，花色多变，有深红色、粉红色、白色等（图 5-59）。果球形，黄红色，萼片脱落。花期北方 4 ～ 10 月，南方 3 ～ 11 月。果期 9 ～ 11 月。

图 5-59　月季花形态特征

【生长习性】

适应性强，不耐严寒和高温，耐旱，对土壤要求不严格，但以富含有机质、排水良好、微带酸性的砂壤土最好。喜欢阳光，但是过多的强光直射又对花蕾发育不利，花瓣容易焦枯。喜欢温暖气候，一般气温在 22 ～ 25℃ 最适宜花生长，夏季高温对开花不利。较耐寒，冬季气温低于 5℃ 即进入休眠，一般品种可耐 -15℃ 低温。

【园林用途】

月季花可孤植、丛植、列植于园林绿地、庭院、路旁等，也常用于布置花柱、花墙、花坛、花境、色块，或专类园，供重点观赏（图 5-60）。

图 5-60　月季花园林用途

【品种分类】

月季花种类主要有食用玫瑰、藤本月季（Cl 系）、大花香水月季（切花月季主要为大花香水月季）（HT 系）、丰花月季（聚花月季）（F/Fl 系）、微型月季（Min 系）、树状月季、壮花月季（Gr 系）、灌木月季（sh 系）、地被月季（Gc 系）等。

1. 藤本月季（Cl 系）

藤本月季为绿化新秀，植株较高大。每年从基部抽生粗壮新枝，于二年生藤枝先端长出较粗壮的侧生枝。属四季开花型，但也只以晚春或初夏二季花的数量最多，攀缘生长型，根系发达，抗性极强，枝条萌发迅速，长势强壮，一株年萌发主枝 7 ～ 8 个，每个主枝又呈开放性分枝，年最高长势可达 5 米，具有很强的抗病害能力。管理粗放、耐修剪、花型丰富、四季开花不断（也有一部分是 1 季开花或 2 季开花型），花色艳丽、奔放，花期持久，香气浓郁。花色丰富，花头众多，可形成花球、花柱、花墙、花海、花瀑布、拱门形、走廊形等景观。

2. 丰花月季（F/Fl 系）

丰花月季扩张型长势，花头成聚状，耐寒、耐高温、抗旱、抗涝、抗病，对环境的适应性极强。广泛用于城市环境绿化、布置园林花坛、高速公路等。

3. 微型月季（Min 系）

月季家族的新品种，其株型矮小，呈球状，花头众多，因其品性独特又被称为"钻石月季"。主要作盆栽观赏、点缀草坪和布置花色图案。

4. 树状月季

树状月季又称月季树、玫瑰树，它通过两次以上嫁接手段才能达到标准的直立树干、树冠。现树状月季规格一般为高 0.4 ～ 2.0 米、干茎 1 ～ 5 厘米。其观赏效果好形状独特、高贵典雅、层次分明；造型多样，有圆球型、扇面型、瀑布型、微型等，具有更高的审美价值。

5. 地被月季（Gc 系）

地被月季是新生态植被花卉，呈匍匐扩张型，高度不超过 20 厘米。每株一年萌生 50 个以上分枝，枝条触地生根，每枝一次开花 50 ～ 100 朵。根系发达，最深扎根在 2 米以上。覆盖面大，单株覆盖面积达 1 米^2 以上。开花群体性强，四季花期不断。耐瘠薄，耐高温、高湿，-30℃低温及 42℃高温均可正常生长。管理粗放、抗病能力强，不用施药、不修剪，减少了大量的管理费用。布置色块、路带效果显著。

【繁殖方法】

1. 扦插繁殖

（1）枝插。

① 扦插时间。月季花扦插一般在 5～6 月或 9～10 月进行，盛夏不适宜进行扦插。冬季扦插一般在温室或大棚内进行，如露地扦插要注意增加保湿措施。

② 插穗处理。剪取生长健壮充实、无病虫害的生长枝或刚开过花的枝条，把顶端的残花连同下面第一片复叶全剪去，插穗剪成有 3 个节，长 7～12 厘米的枝段，插穗上留 2 片复叶，每个复叶留 2～4 片小叶，插穗上部平剪，下部斜剪。插穗基部用 100 毫克 / 升的 APT 1 号生根粉浸泡 4 小时。

③ 基质。基质最好用泥炭、珍珠岩、蛭石、河沙、苔藓等，可单独使用，或两种以上材料按一定比例混合使用，常用的是河沙。

④ 扦插。在准备好的基质上先用小棒插出一个小洞后，再把插条基部插入，深度为插条长的 1/3～1/2，株行距以插条之间的叶不互相重叠为宜，插后将基质淋足水分。

⑤ 插后管理。气温保持在 25～30℃，一般 25 天可以生根。插条失水是扦插失败的主要原因，插后 10 天内空气湿度要保持 85% 以上，露地插床上需要搭棚，上覆塑料薄膜，以保湿，再覆遮阳网以遮阳（图 5-61 和 5-62），基质也要求保持湿润。最好有自动间歇喷雾设备。

图 5-61 月季花露地扦插苗床

图 5-62 月季花日光温室内扦插

插后第 11 天开始，可渐趋于干燥，插床可白天覆盖薄膜晚上揭开，并且逐渐见阳光，一般上午 9：00 前以及下午 16：00 后不必遮阳，20 天后接受全日照，基质可稍干一些，有利生根。

当根长至约 2 厘米长时，就可以进行移栽，移栽时不要伤根，若用盆栽，需把盆移至阴处，数天后再进行正常管理。

（2）芽插。选择健康饱满展开1对叶子的芽，取芽时间可选择清晨或傍晚以免脱水。剪掉基部的大叶，留最里面一对叶片即可。将芽投入百菌清内消毒10秒，浓度稀释程度为1500～2000倍，或将芽最基部涂抹一下硫黄粉，防止细菌感染。

扦插基质要求透水性好，最好选择蛭石＋珍珠岩2：1或1：1的基质。将芽插入基质中，深度为整个芽的1/3即可，喷湿基质，覆盖薄膜放到黑暗处，大约7天后即长愈合组织，7天后移到通风阴凉的地方，白天可通风，晚上继续覆盖保护膜（根据环境湿度和温度决定是否继续盖膜），15天左右就可生根（图5-63）。

图 5-63　月季花芽插

2. 嫁接繁殖

（1）砧木的选择。月季花嫁接必须选择适宜的砧木。通常所用的砧木为蔷薇及其变种，如野蔷薇、"粉团"蔷薇、"曼尼蒂"月季等。这些蔷薇种根系发达、抗寒、抗旱，对于所接品种亲和力强、遗传性稳定。利用大砧木嫁接月季花，培养树状月季花有独特的观赏效果（图5-64）。

（2）嫁接时期。按月季花的生长习性及生长规律，在一年中任何时期均可进行嫁接，但利用冬季休眠期嫁接较好。

（3）嫁接方法。依照生产实际以及月季花嫁接的主流方法，可将月季花嫁接方法分为带木质嵌芽接、"T"字形芽接等，具体操作参见第二章第二节的嫁接繁殖。

图 5-64　嫁接的树状月季花

【栽培管理】

月季花移栽在3月芽萌动前进行，裸根栽植，栽植前注意修剪根系。栽植穴内施足有机肥，栽植嫁接苗接口要低于地面 2 ～ 3 厘米，扦插苗可保持原土印的深度，栽后及时灌水。春季及生长季每隔 5 ～ 10 天浇一次透水，雨季注意排水。

　　月季花开花多，需肥量大，生长期宜多次施肥。入冬施一次腐熟的有机肥，春季萌芽前施一次稀薄液肥，以后每隔半月施一次液肥；肥料可用稀释的人畜粪尿，或与化肥交替使用。

十、山茶

【科属】山茶科、山茶属

【产地分布】

　　主要分布于中国和日本。中国中部及南方各省（区）露地多有栽培，已有 1400 年的栽培历史，北部则行温室盆栽。

【形态特征】

　　常绿灌木，高 1 ～ 3 米；嫩枝、嫩叶具细柔毛。单叶互生；叶柄长 3 ～ 7 毫米；叶片薄革质，椭圆形或倒卵状椭圆形，先端短尖或钝尖，基部楔形，边缘有锯齿。花两性，芳香，通常单生或 2 朵生于叶腋（图 5-65）；向下弯曲；萼片 5 ～ 6，圆形，宿存；花瓣 5 ～ 8，有单瓣、半重瓣、重瓣等；颜色有红、黄、白、粉等（图 5-66）。蒴果近球形或扁形。山茶的花期较长，一般从 10 月份始花，翌年 5 月份终花，盛花期 1 ～ 3 月。果期次年 10 ～ 11 月。

图 5-65　山茶花蕾和叶片形态特征

图 5-66　山茶花的形态特征

【生长习性】

山茶生长适温在20～25℃之间，29℃以上时停止生长，35℃时叶子会有焦灼现象，要求有一定温差；大部分品种可耐-10℃低温，在淮河以南地区一般可自然越冬（云茶稍不耐寒）。喜半阴，忌烈日暴晒，环境湿度宜70%以上。喜肥沃湿润、排水良好的酸性土壤，并要求较好的透气性。不耐盐碱和黏重积水。

【园林用途】

山茶株形优美，叶浓绿而有光泽，花形艳丽缤纷，为中国传统名花，世界名花之一，是云南省省花，重庆市、宁波市的市花。可孤植、列植于园林绿地、庭院等，也常种植为专类园，供重点观赏（图5-67）。

图5-67　山茶园林用途

【品种分类】

山茶品种大约有2000种，2013年中国山茶品种已有306个以上。可分为3大类，12个花型。

单瓣类：花瓣1～2轮，5～7片，基部连生，多呈筒状，结实。其下只有1个型，即单瓣型。

复瓣类：花瓣3～5轮，20片左右，多者近50片。其下分为4个型，即复瓣型、五星型、荷花型、松球型。

重瓣类：大部分雄蕊瓣化，花瓣自然增加，花瓣数在50片以上。其下分为7个型，即托桂型、菊花型、芙蓉型、皇冠型、绣球型、放射型、蔷薇型。

【繁殖方法】

1. 扦插繁殖

（1）绿枝扦插。扦插时间以9月间最为适宜，春季亦可。选择生长良好，半木质化枝条，除去基部叶片，保留上部3片叶，下端切成斜口，立即浸入200～500毫克/升吲哚丁酸中5～15分钟，然后插入沙床，插后浇水，40天左右伤口愈合，60天左右生根。用蛭石作插床，出根比沙床快得多。

（2）叶插法。山茶繁殖一般采用枝条扦插繁殖，但有些名贵品种由于受枝条来源的限制，或考虑到取材后会影响其树形，所以也采用叶插法。以山泥作扦插基质，可拌入1/3的河沙，以利通气排水，基质盛在瓦盆中，然后进行盆插。叶插最好在雨季进行，取一年生叶片作叶插材料，太老不易生根，过嫩容易腐烂。插入土中约2厘米，插后压紧土壤，浇足水，然后放在阴凉通风的地方。一般插后3个月可以发根，第二年春可以发芽抽枝。

2. 嫁接繁殖

（1）靠接法。选择适当的品种如油茶作砧木，靠接名贵的茶花。靠接的时间一般在清明节至中秋节之间。先把砧木栽在花盆里，用刀子在所要结合的部位分别削去一半左右，切口要平滑，然后使双方的切面紧密贴合，用塑料薄膜包扎，每天给砧木淋水两次，60天后即可愈合。然后于嫁接口下切断接穗，将砧木与接穗植株分离，置于树荫下，避免阳光直射。翌年2月，用刀削去砧木的尾部，再行定植（参见第二章第二节中的靠接）。

（2）高接法。6～7月间选择油茶树大苗作砧木，在离地面50～100厘米的高度嫁接，利用枝接法中的切接、插皮接（图5-68）等方法。参见第二章第二节的嫁接繁殖。

(a) 砧木切法　　　(b) 接穗短削面　　　(c) 接穗长削面

图 5-68　山茶插皮接

3. 高压繁殖

高空压条法最大的特点，就是可以将山茶上本应修剪掉的弱小枝条，全部赋予新的生命。且此法成活率高，复壮快，开花早。参见第二章第四节的压条繁殖。

【栽培管理】

山茶秋植为好，不论苗木大小均应带土球移植。栽植后进行修剪，应剪除荫枝、病枝、枯老枝，除此之外，还应剪除部分小枝条，摘除 1/3～2/3 的叶片。地栽应选排水良好、保水性能强、不积水、烈日暴晒不到的地方。不耐寒，能忍耐短时间 -10℃的低温。

山茶对肥水要求较高，一年施肥主要抓三个时期，在 2～3月春季春梢生长和花后补肥；6月枝梢二次枝生长期施肥；10～11月施肥，提高抗寒能力。施肥以稀薄矾肥水为好，忌施浓肥。

地栽山茶修剪的主要任务是修剪掉明显影响树形的枝条，以维持良好的树形；同时要剪去干枯枝、病弱枝、交叉枝、过密枝，以及疏去多余的花蕾。

十一、叶子花

【科属】紫茉莉科、叶子花属

【产地分布】

原产于巴西，中国各地均有栽培。叶子花是深圳市、珠海市、厦门市、三亚市、海口市等市的市花。

【形态特征】

别名九重葛、毛宝巾、三角花、三角梅等。为常绿攀缘状灌木。枝具刺、拱形下垂。单叶互生，卵形全缘或卵状披针形，被厚绒毛，顶端急尖或渐尖。花很小、常三朵簇生于三枚较大的苞片内；苞片卵圆形，有大红色、橙黄色、紫红色、雪白色、樱花粉等，苞片则有单瓣、重瓣之分，苞片叶状三角形或椭状卵形，苞片为主要观赏部位，常被错认为花（图 5-69）。花期 5 ～ 12 月。

图 5-69　叶子花形态特征

【生长习性】

喜温暖湿润气候，不耐寒，在 3℃以上才可安全越冬，15℃以上方可开花。喜充足光照。对土壤要求不严，在排水良好、含矿物质丰富的黏重壤土中生长良好，耐贫瘠、耐碱、耐干旱，忌积水，耐修剪。

【园林用途】

叶子花广泛适用于厂区景观绿化、高档别墅花园、屋顶花园、休闲社区、公园、室内外植物租摆、城市高架护栏美化、办公绿化等多种场所。叶子花观赏价值很高，在中国南方用作围墙的攀缘花卉栽培。在华南地区可借助花架、拱门或高墙，形成立体花卉，北方作为盆花主要用于冬季观花（图 5-70）。

图 5-70　叶子花园林用途

【繁殖方法】

叶子花常采用扦插繁殖。

1. 插床处理

选干净河沙，先清除杂质，最好经太阳暴晒后再整平沙床，也可用杀菌灵或高锰酸钾进行消毒。

2. 插穗处理

6～9月份选健壮的半木质化枝条，剪成长度为20厘米左右（3个芽）的枝段，上部保留1～2片叶。枝条底部剪成斜口，顶部剪成平口。用20毫克/升的IBA处理24小时，有促进插条生根的作用。对于扦插不易生根的品种，可用嫁接法或空中压条法繁殖。

3. 扦插后管理

扦插后，立即浇足定根水。注意保湿、遮阴。一般温度在25℃左右，湿度90%，遮阴70%，30天左右即可生根。有自动间歇喷雾设备的，其生根成活率可达90%。

【栽培管理】

叶子花多春季栽植，小苗可裸根移植，大苗需带土球，栽后浇透水，干旱高温时向树冠喷水。叶子花移植前应重修剪，一般每枝条保留2～3片叶，短截。

叶子花喜水但忌积水，浇水一定要适时、适量。叶子花需要一定的养分，在生长期内要进行适当施肥，才能满足其生长的需要。肥料应腐熟，施肥应少量多次，浓度要淡，否则，易伤害根系，影响生长。

第六章

落叶花木树种的育苗技术

第一节　落叶乔木的育苗技术

一、垂柳

【科属】杨柳科、柳属

【产地分布】

产于长江流域与黄河流域，其他各地均有栽培，在亚洲、欧洲、美洲各国均有引种。

【形态特征】

落叶乔木，高达 12 ～ 18 米，树冠开展而疏散。树皮灰黑色，不规则开裂；枝细，下垂。叶狭披针形或线状披针形（图 6-1），长 9 ～ 16 厘米，宽 0.5 ～ 1.5 厘米，先端长渐尖，基部楔形，两面无毛或微有毛，上面绿色，下面色较淡，叶缘有细锯齿。花序先叶开放，或与叶同时开放；雌雄异株，雄花荑荑花序（图 6-2）。花期 3 ～ 4 月，果期 4 ～ 5 月。

图 6-1　垂柳叶形态特征

图 6-2　垂柳花序形态特征

【生长习性】

喜光，喜温暖湿润气候，喜潮湿深厚之酸性及中性土壤。较耐寒，特耐水湿，但亦能生于土层深厚之高燥地区。萌芽力强，根系发达，生长迅速。对有毒气体有一定的抗性，并能吸收二氧化硫。

【园林用途】

最宜配植在水边，如桥头、池畔、河流、湖泊等水系沿岸处（图6-3）。也可作庭荫树、行道树、公路树。亦适用于工厂绿化，还是固堤护岸的重要树种。

图 6-3　垂柳园林用途

【繁殖方法】

生产上垂柳常以扦插育苗为主，培育大苗可用嫁接法。

1. 扦插繁殖

（1）插穗处理。秋季选雄株的 1～2 年生枝，经露地沙藏后，春季剪穗。先去掉梢部组织不充实、木质化程度稍差的部分，选粗度在 0.6 厘米以上的枝段，剪成长 15 厘米左右的插穗，上切口距第一芽 1 厘米平剪，下切口距最下面的芽 1 厘米左右，剪成马耳形（图6-4）。每 50 或 100 株捆成一捆，置背阴处用湿沙处理好备用。柳树扦插极易成活，插穗无须进行处理。但是，若种条采集时间较长，插穗有失水现象，可于扦插前先浸水 1～2 天（以插穗流水为佳），然后扦插，成活率会提高。

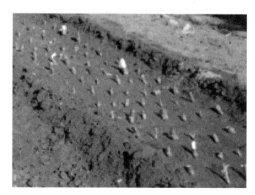

图 6-4　垂柳扦插育苗

（2）扦插。整地作畦，株距 15 ～ 20 厘米。扦插时宜按插穗分级分别扦插，可平插也可斜插（见图 6-4），插穗顶与地面平齐，插后踏实，立即灌水。

（3）插后管理。出苗期应保持土壤湿润，及时灌溉。幼苗期要及时追肥和中耕除草，并注意清除多余的萌条，选留一枝健壮的培养成主干。速生期苗干上的新生腋芽常抽生侧枝，为保证主干生长，除保留 3/5 的枝条外，应及时分期抹掉下部苗干的腋芽，但至 8 月上中旬应停止抹芽。

2. 嫁接繁殖

（1）培育砧木。

① 砧木、插穗选择。为快速培育大规格垂柳雄株苗木，应选用生长快、抗性强的速生柳树品种 J172 做砧木。秋季选当年生健壮的 J172 柳树枝条，粗度一般达到 0.5 厘米以上，剪成长 18 ～ 20 厘米插穗，50 根一捆，放背阴干燥处，用干净的湿河沙贮藏。贮藏时保证每根插条都和湿沙充分接触，以利保持水分。

② 整地施肥。第二年春天，土壤解冻后，每亩施腐熟的有机基肥 3 米 3，撒匀后整地做畦。一般畦宽 1.5 米，长随苗圃地而定。

③ 扦插。扦插密度为 0.5 米 ×0.2 米。扦插深度以插条上端和地面持平为宜。可以直插也可以斜插。插后插条的两侧用脚踏实，浇透水。

④ 大砧木苗培育。及时松土、除草、补充水分和防治病虫害。当年扦插苗高可达 1.5 米以上，根径达到 2 厘米。苗木生长 1 年后，要分别隔一行除一行、隔一株除一株，将留床苗密度调整到 1 米 ×0.4 米。再将起出的苗木分级后定植培育，密度也是 1 米 ×0.4 米。再分别培育，一年后苗高可达到 2.5 米以上，根径达到 4 厘米，即可定干嫁接。

（2）嫁接。

① 接穗的采集与贮藏。在准备嫁接的头一年冬天，在事先标记好的雄株母树上选择当年生健壮枝条，一般粗度达到 0.3 厘米以上，用干净的湿河沙贮藏，贮藏方法同前面的砧木插穗贮藏方法。

② 嫁接方法。经过 2 年培育的 J172 柳树，苗高一般可达到 2.5 米以上，嫁接部位可选在 2 米处进行。生产中可以采取单头或多头嫁接。若苗高 2 米处较细，或还没有分枝时可采用单头嫁接。一般多头高砧嫁接常采用插皮接、劈接的方法（图 6-5）。具体操作步骤参见第二章第二节的嫁接育苗。

图 6-5　垂柳高砧嫁接

（3）嫁接后的管理。嫁接成活后要及时解绑，劈接、插皮接一般要40天后解除。解膜后，要随时抹除砧木上的所有萌芽，以利于接芽萌发。高接成活后，抽生的新梢一般过旺，此时接口愈合组织尚不坚固，位置又高，很容易被风吹断。因此，新梢长到20～30厘米时，要设立支柱，将新梢和支柱绑在一起（见图6-5）。

垂柳嫁接成活后生长迅速，要及时对新梢进行摘心打头。一般当新梢长到50厘米长时开始摘心，保留生长方向适当、饱满健壮的芽子，剪除其上部枝梢。单头（芽）嫁接一般要进行2次以上的摘心打头，即可形成枝条分布均匀的圆满完整的树冠。

为促进生长，一般萌芽前每亩施碳铵50千克；5月底6月初再追一次尿素，每亩施肥量为25千克；7月中下旬每亩追施N、P、K复合肥15千克。常采用开沟条施或挖穴点施，施肥后覆土踏实，然后浇透水一遍。8月中下旬后停止追肥。选用速生柳树品种J172作砧木进行垂柳嫁接育苗，苗木培育4年即可出圃，苗干通直，从根本上解决了飞絮污染的问题。

【栽培管理】

垂柳因柳絮繁多，城市行道树应选择雄株为好。移植应在落叶后至早春萌芽前进行，栽植后立即浇水并立支柱固定。垂柳生长迅速，需大量的水分、肥料，所以应勤施肥，多浇水，一般一年可长至2米左右。

二、竹柳

【科属】杨柳科、柳属

【产地分布】

国内最早的竹柳示范基地在安徽省涡阳县。

【形态特征】

竹柳是柳树杂交品种，落叶乔木，生长迅速，高度可达20米以上。树皮幼时绿色，光滑。顶端优势明显，腋芽萌发力强，分枝较早，侧枝与主干夹角30～45度。树冠塔形，分枝均匀。叶披针形，单叶互生，先端长渐尖，基部楔形，边缘有明显的细锯齿，叶片正面绿色，背面灰白色，叶柄微红、较短（图6-6）。

图6-6　竹柳形态特征

【生长习性】

竹柳喜光，耐寒性强，能耐零下30℃的低温，适宜生长温度在15～25℃；喜水湿，耐干旱，有良好的树形，对土壤要求不严，在 pH 值 5.0 ～ 8.5 的土壤或沙地、低湿河滩或弱盐碱地均能生长，但以肥沃、疏松、潮湿土壤最为适宜。

竹柳速生性好，在适宜的立地条件下，竹柳的工业原料林栽培的轮伐期小径材一般为两年，中径材为 3 ～ 4 年，大径材为 5 ～ 6 年，投资回收期短。

竹柳有高密植性，大中径材 110 ～ 220 株 / 亩，小径材 500 ～ 600 株 / 亩。该树种可提高单位土地面积经济效益，是营造工业原料林的首选树种。

【园林用途】

竹柳可栽植于道路两旁、公园、别墅、铁路周边，美化风景。整个树体主干通直，冠形较窄，树枝斜上生长，是很好的观赏树（图 6-7）。

图 6-7 竹柳园林用途

【繁殖方法】

竹柳以扦插为主，在春秋季均可进行，扦插生根容易，成活率较高。

1. 硬枝扦插

插穗长度 10 ～ 15 厘米，每段插穗上有 3 个以上饱满芽即可，粗度在 0.5 ～ 1.5 厘米。直插时上、下切口均平剪，按不同直径大小分级捆扎，注意极性。

将枝条浸于 50 ～ 100 毫克 / 升的 ABT 生根粉溶液中 2 ～ 12 小时，然后直插于苗床（图 6-8）。生根率能达到 95% 以上。

图 6-8 竹柳硬枝扦插

2. 嫩枝扦插

将竹柳嫩枝剪截成 15 厘米左右的枝段，下口平剪，将插穗按粗细分级，用 200 毫克 / 升的生根粉溶液处理下端 5 秒，插入苗床（图 6-9），苗床要有自动喷雾设备。

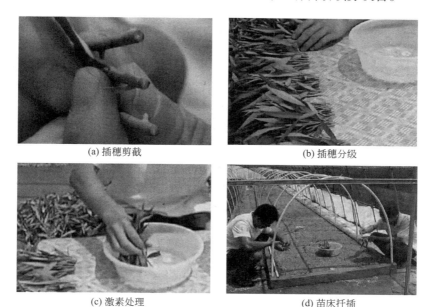

(a) 插穗剪截

(b) 插穗分级

(c) 激素处理

(d) 苗床扦插

图 6-9　竹柳嫩枝扦插

【栽培管理】

竹柳对水反应敏感，缺水时植株生长缓慢，叶片发黄、萎蔫，甚至落叶、死亡，尤其是炎热的夏季。春旱地区一般在芽、叶萌动时浇灌最佳，为苗木生根发芽打下基础。夏季干旱时要及时浇灌，以保证充分发挥苗木的生长潜力。当地下水位过高和土壤含水量过多时，竹柳因根系缺氧导致生长不良，因此连续阴雨时要及时排除林间积水。苗木转入越冬准备阶段时，要对供水加以控制，以促进苗木的木质化，冬季留床越冬的苗木进入休眠期后，要浇一次封冻水。

在苗圃中除了在育苗前施用大量基肥外，还要追肥。每次追肥的数量和肥种配比因土壤条件和苗木生长状况而异，追肥以多次少量为佳。追肥时间应安排在速生期前、速生开始期和中期，原则是促前期，控后期。苗木追肥不可太迟，以免造成苗木徒长，降低木质化程度，不利于越冬。

一般情况下，施肥可与灌水相结合，6 ～ 9 月是竹柳生长的速生期，是苗木全年生长的最大时期，此时需水量和需肥量都最大。

三、毛白杨

【科属】杨柳科、杨属

【产地分布】

分布广泛，在辽宁（南部）、河北、山东、山西、陕西、甘肃、河南、安徽、江苏、浙江等省区均有分布，以黄河流域中下游为中心分布区。

【形态特征】

落叶大乔木，高达 30 ～ 40 米，树冠卵圆锥形。树皮幼时青白色，渐变为暗灰色；

皮孔菱形。叶阔卵形或三角状卵形，边缘有波状缺刻或锯齿，上面暗绿色，光滑，下面密生毡毛（图6-10）。雄花荑黄花序，长10～14厘米，雌株大枝较为平展，花芽小而稀疏；雄株大枝多斜生，花芽多而密集。花期3月，叶前开放；蒴果小，4月成熟。

图6-10　毛白杨形态特征

【生长习性】

抗寒性较强，喜光，不耐阴，喜湿润、深厚、肥沃的土壤，对土壤的适应性较强。在水肥条件充足的地方生长最快，20年生即可成材，是中国速生树种之一。

【园林用途】

毛白杨生长快，树干通直挺拔，枝叶茂密，常用作行道树、园路树、庭荫树或营造防护林；可孤植、丛植、群植于建筑周围、草坪、广场、水滨（图6-11）。

图6-11　毛白杨园林用途

【繁殖方法】

生产上常采用嫁接、留根和分蘖等方法进行繁殖，也可用扦插法。

1. 扦插育苗

毛白杨硬枝扦插生根较困难，成活率较低，一般低于50%。

（1）绿枝扦插。6～7月从2～4年生苗木上采集半木质化的枝条，剪成长10厘米左右的插穗，每插穗上端留1～2片叶，每叶片剪去1/3～1/2，上端平剪，下端斜剪。插穗浸水6～12小时，再用1000毫克/升的ABT 2号生根粉速蘸5秒，保持插床温度

25 ~ 30℃，一般 10 天左右开始生根。

（2）利用组培苗采穗扦插。选毛白杨 1 年生的组培大苗，剪取侧枝作插穗，剪截长度在 7 ~ 10 厘米，保留顶端 2 ~ 3 个叶片，每片叶应剪去 1/3，将插穗基部浸泡在 0.4% 的高锰酸钾溶液内 30 分钟，然后再用 1000 毫克 / 升 ABT 1 号生根粉溶液，速蘸插穗基部，按照 5 厘米 ×6 厘米的株行距扦插于苗床，深度 1 ~ 2 厘米，插后用手指压实固定，立即开启自动喷雾系统，生根率平均为 95%。

2. 嫁接育苗

（1）芽接

① 采穗圃建立。选品种优良的毛白杨品种（如三倍体毛白杨），按株行距 0.5 米 ×1.0 米栽植，每年接穗采完后平茬、加强肥水管理，一般采穗圃用 5 年。

② 砧木培育。砧木一般用大青杨或小叶杨，按株行距 0.25 米 ×0.8 米栽植。

③ 嫁接方法。常用 "T" 字形芽接的方法，具体操作步骤参见第二章第二节的嫁接育苗。

（2）"炮捻" 法嫁接。"炮捻" 法嫁接是一种嫁接育苗方法，其嫁接速度快，效率高，适合大批量繁殖苗木。

① 削接穗。2 月采集生长健壮的 1 ~ 2 年生毛白杨枝条为接穗，将枝条截成 10 厘米长，每个接穗保留 2 个饱满芽，接穗下端削成 "楔形"，削面一定要平，削面长度为 2 厘米左右。

② 砧木切削与嫁接。选择生长健壮的 1 年生大青杨枝条为砧木材料，粗度在 1 ~ 2 厘米较好。将砧木截成 20 厘米长的段，剪截好的接穗和砧木段按照粗细标准分级，粗接穗嫁接在粗砧木上，细接穗嫁接在细砧木上，用劈接法嫁接。在砧木段的上端向下纵切一刀，然后将削好的接穗插入砧木的纵切口中，对齐形成层，注意露白，不用绑扎，50 ~ 100 个捆成一捆（图 6-12），沙藏备用。

③ 沙藏方法。在背风向阳处整地作畦，畦深 20 厘米，宽 1 米，畦低整平，浇透水。水渗下后铺 5 ~ 10 厘米厚的干净河沙，再将嫁接好的毛白杨捆靠紧排放在畦内，用筛过的湿河沙灌缝，再在接穗上部覆盖 20 厘米厚的湿河沙，将

图 6-12　毛白杨 "炮捻" 法嫁接

上部的河沙整平后覆盖塑料薄膜，膜上可以覆盖玉米秸或稻草越冬。注意嫁接好的接穗要随接随贮藏。

④ 扦插。春季取出沙藏后嫁接好的毛白杨捆，扦插于苗圃中。一般采用高垄扦插，垄高 15 厘米左右，垄间距 60 厘米左右，每垄扦插 1 行，株距 30 厘米左右，插穗上端比地面低 1 厘米，然后覆土踏实。插后可用地膜覆盖，利于保墒保水，提高成活率。

【栽培管理】

毛白杨移栽宜在早春或晚秋进行，适当深栽；大苗移植，其侧枝要剪留 30 ~ 50 厘米，并用草绳裹干。3 年生以上毛白杨生长快，喜大肥大水，应加强肥水管理。毛白杨容易发生病虫害，要加强病虫害防治。

四、国槐

【科属】豆科、槐属

【产地分布】

　　在中国北部较为集中，北自辽宁，南至广东、台湾，东自山东，西至甘肃、四川、云南均有分布。华北平原及黄土高原海拔 1000 米地带均能生长。

【形态特征】

　　落叶乔木，高 15 ～ 25 米。树皮灰褐色，具纵裂纹。当年生枝绿色，无毛。羽状复叶，长达 25 厘米；小叶 4 ～ 7 对，对生或近互生，纸质，卵状披针形或卵状长圆形。圆锥花序顶生，常呈金字塔形，长达 30 厘米；花萼浅钟状；花冠白色或淡黄色。荚果串珠状，种子间缢缩不明显，种子排列较紧密，具肉质果皮，成熟后不开裂，具种子 1 ～ 6 粒（图 6-13）；花和荚果可入药。花期 7 ～ 8 月，果期 8 ～ 10 月。

图 6-13　国槐形态特征

【生长习性】

　　国槐性耐寒，喜阳光，稍耐阴，不耐阴湿而抗旱，在低洼积水处生长不良。对土壤要求不严，较耐瘠薄，石灰及轻度盐碱地（含盐量 0.15% 左右）上也能正常生长，但在湿润、肥沃、深厚、排水良好的砂质土壤上生长最佳。耐烟尘，能适应城市街道环境。病虫害不多。寿命长。

【园林用途】

　　国槐树冠大，遮阴面积大，花多且香，是中国庭院常用的特色树种，又是防风固沙、用材及经济林兼用的树种，是城乡良好的遮阴树和行道树种（图 6-14）。

图 6-14　国槐园林用途

【繁殖方法】

国槐常用播种繁殖。其种皮透水性差，播种前，要用室温 85 ～ 90℃的水浸种 24 小时，余硬粒再处理 1 ～ 2 次。种子吸水膨胀后可播种。条播行距 20 ～ 25 厘米，覆土厚度 1.5 ～ 2 厘米，每亩播种量 8 ～ 10 千克，7 ～ 10 天幼苗出土，幼苗期要合理密植，防止树干弯曲，一般每米留苗 6 ～ 8 株，一年生苗高达 1 米以上。

【栽培管理】

国槐萌芽力较强，若要培养大砧苗形成良好的干形，则需将 1 年生苗按 70 ～ 100 厘米株距移植，注意施肥、灌水，不修剪，促进枝叶繁茂，根系健壮。移植后 1 ～ 2 年地径为 2 厘米时，在秋季落叶后应从地面 2 ～ 3 厘米处截干。截干后春季萌发大量芽，待新梢长到 5 ～ 10 厘米时，每株留 1 个直立向上、生长健壮的新梢，其余全部抹除。加强肥水管理，促进主干生长，满足嫁接要求。

五、龙爪槐

【科属】豆科、槐属

【产区分布】

原产中国，现南北各省区广泛栽培，华北和黄土高原地区尤为多见。

【形态特征】

龙爪槐是国槐的芽变品种，落叶乔木，高达 25 米，小枝柔软下垂，树冠常成伞状。羽状复叶长达 25 厘米，小叶 4 ～ 7 对，对生或近互生，纸质，卵状披针形或卵状长圆形。圆锥花序顶生，常呈金字塔形；花冠白色或淡黄色（图 6-15）。荚果串珠状，具肉质果皮。花期 7 ～ 8 月，果期 8 ～ 10 月。

图 6-15　龙爪槐形态特征

【生长习性】

喜光，稍耐阴。能适应干冷气候。喜生于土层深厚、湿润肥沃、排水良好的砂质壤土中。深根性，根系发达，抗风力强，萌芽力亦强，寿命长。对二氧化硫、氟化氢、氯气等有毒气体及烟尘有一定抗性。

【园林用途】

龙爪槐姿态优美，是优良的园林树种。宜孤植、对植、列植。观赏价值高，故园林绿化应用较多，常植于门庭、道旁、草坪中；或作庭荫树观赏（图 6-16）。

图 6-16　龙爪槐园林用途

【繁殖方法】

常用嫁接繁殖，砧木用国槐。砧木繁殖方法见国槐。龙爪槐常用高接法嫁接，高接用插皮接成活率较高，粗砧木可 1 株嫁接 3 ～ 5 个接穗，树冠成形快。具体操作参见第二章第二节的嫁接育苗。

【栽培管理】

龙爪槐栽培以湿润的壤土或砂质壤土为佳，排水需良好，生长盛期每 1 ～ 2 月施肥 1 次，冬季落叶后整形修剪。

六、榆树

【科属】榆科、榆属

【产区分布】

生于海拔 2500 米以下之山坡、山谷、川地、丘陵及沙岗等处。长江下游各省区均有栽培。也为华北及淮北平原农村的习见树木。

【形态特征】

又名家榆、白榆等。落叶乔木，高达 25 米，在干瘠之地长成灌木状；幼树树皮平滑，灰褐色或浅灰色，大树之皮暗灰色，不规则深纵裂，粗糙。单叶互生，卵状椭圆形至椭圆状披针形。花两性，早春先叶开花或花叶同放，紫褐色，聚伞花序簇生。翅果近圆形（图 6-17）。花期 3 ～ 4 月；果期 4 ～ 5 月。

图 6-17　榆树形态特征

【生长习性】

阳性树种，喜光，耐旱，耐寒，耐瘠薄，不择土壤，适应性很强。根系发达，抗风力、保土力强。萌芽力强，耐修剪。生长快，寿命长。不耐水湿。具抗污染性，叶面滞尘能力强。

【园林用途】

榆树是良好的行道树、庭荫树，良好的工厂绿化、营造防护林和四旁绿化树种（图6-18），也是抗有毒气体（氯气）较强的树种。唯病虫害较多。

图6-18　榆树园林用途

【繁殖方法】

榆树主要采用播种繁殖，也可采用分蘖、扦插法繁殖。

1. 种子处理

在河北，白榆种子4月中旬至5月上旬成熟，最好随采随播，否则会降低发芽率。

2. 整地

选择排水良好，土层较厚，肥沃的砂壤土或壤土地。育苗前一年秋冬季深翻、施有机肥3000～4000千克，磷酸二铵20千克/亩。播前灌水、耙地作床，苗床宽1.5米。整地或作床前进行土壤消毒，在地上喷洒3%的硫酸亚铁溶液，每亩喷20千克左右。

3. 播种方法

（1）条播。行距30～40厘米，播幅3～5厘米，覆土1～1.5厘米，覆土后轻轻镇压，以保持土壤湿度，促进发芽。或开沟坐水播，覆细土0.5～1厘米，然后盖上一层2厘米左右的作物秸秆。

（2）撒播。先将床面灌水，待水全部渗入土壤中后，将种子全面均匀地撒于床面，再均撒0.5～1厘米厚的细土覆盖，然后盖上一层2厘米左右厚的作物秸秆，可增加苗床内土壤湿度，预防晴天太阳直射，水分蒸发量过大，影响种子生根发芽。按种子发芽率为70%左右计算，播种子量为2.5～3千克/亩。

4. 苗期管理

播后一般5～7天即可发芽，10余天幼苗即可全部出土。床面盖作物秸秆的，当30%～40%幼苗出土时，分批揭除覆盖物。苗高3～5厘米时，进行第1次间苗。当苗高10～15厘米时，进行第2次间苗即定苗，一般留苗株距在10～15厘米或每平方米留苗

15 ～ 20 株，每亩留苗 1 万～ 1.5 万株。

出苗前，土壤干旱时不可浇蒙头大水，只能喷淋地表，以免土壤板结或冲走种子。墒情不足时，可直接向覆盖物上洒水补墒。间苗后，浇水和追肥可结合进行，一般于 6 ～ 7 月可追施复合肥 10 千克 / 亩。间隔半月后追施第 2 次。幼苗期加强中耕除草，苗木稍大时结合松土进行除草。雨后和灌水后应及时松土，以免土壤板结。

5. 大砧木苗培育

白榆大苗需要移植，可在秋季落叶后或第二年春季发芽前进行。移植后株行距加大，株距 30 ～ 50 厘米，行距 50 ～ 100 厘米，有利于白榆砧木苗生长。

【栽培管理】

榆树移植一般在秋季落叶后至春季萌芽前进行，裸根移植，要尽量多带根，大苗要剪去部分枝。榆树适应性很强，管理粗放。

七、银杏

【科属】银杏科、银杏属

【产地分布】

银杏的栽培区甚广，北自东北沈阳，南达广州，东起华东海拔 40 ～ 1000 米地带，西南至贵州、云南西部（腾冲）海拔 2000 米以下地带均有栽培。银杏为中生代孑遗的稀有树种，被科学家称为"活化石"。

【形态特征】

落叶乔木，高达 40 米，胸径可达 4 米。叶扇形，有长柄，淡绿色，无毛，有多数叉状并列细脉，顶端宽 5 ～ 8 厘米，在短枝上常具波状缺刻，在长枝上常 2 裂，基部宽楔形，幼树及萌生枝上的叶常深裂。叶在一年生长枝上螺旋状散生，在短枝上 3 ～ 8 叶呈簇生状，秋季落叶前变为黄色。花雌雄异株，稀同株。种子具长梗，下垂，常为椭圆形、长倒卵形、卵圆形或近圆球形（图 6-19）。花期 4 月，果期 10 月。

图 6-19　银杏形态特征

【生长习性】

银杏为阳性树，喜适当湿润而排水良好的深厚壤土，适于生长在条件比较优越的亚热带季风区。在酸性土（pH4.5）、石灰性土（pH8.0）中均可生长良好，而以中性或微酸土最适宜，不耐积水，较能耐旱，在过于干燥处及多石山坡或低湿之地生长不良。

【园林用途】

银杏树体高大，树形端正，气势雄伟挺拔，常作为行道树，或孤植庭院作为庭园树。银杏早春嫩叶浅绿，盛夏深碧，秋日金黄，冬季落叶，常采用不同的配置方式与枫、槭等树木混栽，增加观赏效果（图6-20）。银杏也可成片丛植或列植于公园大草坪、都市广场之中，即为大视野中一主景，还能分隔园林空间，遮挡视线。

图 6-20　银杏园林用途

【繁殖方法】

1. 播种繁殖

（1）整地。选择地势平坦、背风向阳、土层深厚、土质疏松肥沃、有水源又排水良好的地方作育苗地。对育苗地进行深翻，每亩施圈肥或土杂肥1000～1500千克。

（2）种子处理。秋季播种可在采种后马上播种，不必催芽；如春季播种则应进行催芽。首先将秋季采的种子进行沙藏处理（参见第一章第三节播种前种子的处理），然后在春分前取出沙藏的种子，放在塑料大棚或温室中，注意保湿，待到60%以上的种核露芽后即可播种。

（3）播种。银杏的播种可采用条播、撒播、点播等方式，以条播效果好。在苗圃地按20～30厘米行距开沟，沟深2～3厘米，播幅5～8厘米。每亩播种量为60～70千克，播种时，种子缝合线与地面平行，种尖横向，这样出苗率高、幼苗生长粗壮。株距按8～10厘米点播，播后覆土2～3厘米厚并压实。幼苗当年可长至15～25厘米高（图6-21）。

图 6-21　银杏播种后出苗（右为银杏种子）

（4）苗期管理。适当遮阴，1 年生苗透光度 60% 最佳。遮阴方法根据苗圃条件确定，可在幼苗行间盖草 10 厘米厚，最好是搭荫棚，也可间作豆类等作物。

施追肥有明显促进苗木生长的作用。可在 4 月中旬、5 月中旬、7 月中旬各施一次肥，全年每亩施 10 ～ 12 千克尿素。

银杏怕涝怕旱，因此应搞好排水及灌溉。银杏幼苗生长慢，与杂草竞争能力差，要及时松土除草。

2. 嫁接繁殖

（1）砧木选择。选择生长健壮、树干通直、抗性强的 2 年生以上苗木作砧木（实生苗、扦插苗或根蘖苗均可），砧木高度视培育目标而定，用于早果密植者，接位 1 米左右，用于园林绿化的，接位还可高些。

（2）接穗选择和嫁接方法。嫁接繁殖多用于果业生产（接穗选丰产雌株），也可用于园林绿化。银杏嫁接常采用劈接、切接或芽接，参见第二章第二节的嫁接育苗。

3. 扦插繁殖

（1）硬枝扦插。

① 插床准备。银杏扦插常用的基质为河沙。将插床整理成长 10 ～ 20 米，宽 1 ～ 1.2 米，插床上铺一层厚 20 厘米左右的细河沙，插前一周用 0.3% 的高锰酸钾溶液消毒，每平方米用 5 ～ 10 千克药液，与 0.3% 的甲醛液交替使用效果更好。喷药后用塑料薄膜封盖起来，两天后用清水漫灌冲洗 2 ～ 3 次，即可扦插。

② 插穗选择与处理。硬枝扦插一般是在春季 3 ～ 4 月进行，从成品苗圃采穗或在大树上选取 1 ～ 2 年生的优质枝条，剪截成 15 ～ 20 厘米长的插条，上端平剪，下端斜剪。剪好后，每 50 根扎成一捆，用 100 毫克 / 升的 ABT 生根粉浸泡 1 小时。

③ 扦插。扦插时先开沟，再插入插穗，地面露出 1 ～ 2 个芽，盖土踩实，株行距为 10 厘米 ×30 厘米。插后喷洒清水，使插穗与沙土密切接触。

④ 插后管理。苗床需用遮阳网遮阴，气候干旱时需扣塑料棚保湿，要求基质保持湿润，不能积水。扦插后立即灌一次透水，连续晴天时要在早晚各喷水一次，1 月后逐渐减少喷水次数和喷水量。5 ～ 6 月份插条生根后，用 0.1% 的尿素和 0.2% 的磷酸二氢钾液进行叶面喷肥。成活后进行正常管理，第二年春季即可移植。

（2）绿枝扦插。于6月上中旬结合夏季修剪，剪取半木质化的绿枝。插穗剪截长1.5～2.5厘米，带一个芽和一片叶，上、下切口平剪。插穗需要用生根粉处理，用100毫克/升的ABT 1号生根粉浸插穗基部2～4小时。经过处理的插穗扦插于塑料拱棚内的插床上，基质为河沙，棚上用遮阳网等遮阴，透光度约10%，相对湿度维持在90%左右，温度维持在20～25℃，不得超过30℃，为避免棚内增温，除遮阴外，应及时通风、喷水，最好有自动喷雾设备（图6-22）。在遮阴保湿等精心管理下，扦插后10天，下切口即可形成愈伤组织，30～40天后愈伤组织生根，生根成活率达95%。

图6-22　银杏绿枝扦插

【栽培管理】

银杏应选择土层厚、湿润肥沃、排水良好的中性或微酸性土为好。银杏可裸根栽植，6厘米以上的大苗要带土球栽植。以秋季带叶栽植及春季发叶前栽植为主，秋栽比春栽好。秋季栽植在10～11月进行，可使苗木根系有较长的恢复期，为第二年春地上部发芽作好准备。

银杏无须经常灌水，一般土壤结冻前灌水1次，5月和8月是银杏的旺盛生长期，天气干旱可各灌水1次。银杏苗圃地春季在两行间施有机肥2500～5000千克/亩，施后旋耕一遍，大苗可采用沟施。有机肥施的量少，8月可追肥1次。

八、七叶树

【科属】七叶树科、七叶树属

【产地分布】

中国黄河流域及东部各省区均有栽培，仅秦岭有野生；自然分布在海拔700米以下之山地。

【形态特征】

落叶乔木，高达25米。叶掌状复叶，由5～7小叶组成，小叶纸质，长圆披针形至长圆倒披针形，稀长椭圆形，先端短锐尖，深绿色。花序圆筒形，小花序常由5～10朵花组成，平斜向伸展。花杂性，雄花与两性花同株，花瓣4，白色，长圆倒卵形至长圆倒披针形（图6-23）。果实球形或倒卵圆形，黄褐色，无刺，具很密的斑点，种子常1～2粒发育，近于球形，栗褐色。花期4～5月，果期10月。

图 6-23　七叶树形态特征

【生长习性】

喜光，稍耐阴；喜温暖气候，也能耐寒；喜深厚、肥沃、湿润而排水良好的土壤。深根性，萌芽力强；生长速度偏慢，寿命长。七叶树叶子在炎热的夏季易遭日灼。

【园林用途】

七叶树树形优美、花大秀丽、果形奇特，是观叶、观花、观果不可多得的树种，为世界著名的观赏树种之一。树干耸直，冠大荫浓，是优良的行道树和园林观赏植物，可作人行步道、公园、广场绿化树种，既可孤植也可群植，或与常绿树和阔叶树混种（图 6-24）。

图 6-24　七叶树观赏效果

【繁殖方法】

七叶树以播种繁殖为主。

1. 种子采集

由于其种子不耐贮藏，如干燥极易丧失生命力，故种子成熟后宜及时采下，随采随播。9～10 月间，当果实的外表变成深褐色并开裂时即可采集，收集后摊晾 1～2 天，脱去果皮后即可播种。

2. 播种

首先选疏松、肥沃、排灌方便的地段，施足基肥后整地作床；然后挖穴点播，七叶树的种粒较大，每公斤约40粒，出苗后生长迅速，点播的株行距宜为20厘米×40厘米，点播时应将种脐朝下，覆土不得超过3厘米；最后覆草保湿。

3. 管理

种子出苗期间，均要保持床面湿润。当种苗出土后，要及时揭去覆草。为防止日灼伤苗，还需搭棚遮阴，并经常喷水，使幼苗苗壮生长。一般一年生苗高可达80～100厘米，经移栽培育，3～4年生苗高为250～300厘米时，即可用于园林绿化。

【栽培管理】

七叶树移植时间一般为冬季落叶后至翌年春季发芽前。移植时均应带土球。一年中施肥不能少于两次，即速生期、林木生长封顶期。速生期施肥主要以氮肥为主，林木封顶期主要以有机肥为主。七叶树一年中需灌水至少三次，萌芽期、速生期、封顶期各灌一次，天旱可增加灌水次数。七叶树地不能积水，有水要及时排出，林内应修好排水沟，雨季注意搞好排涝工作。

九、二球悬铃木

【科属】悬铃木科、悬铃木属

【产地分布】

原产于欧洲，印度、小亚细亚亦有分布，现广植于世界各地，中国也广泛栽培。中国东北、华中及华南均有引种。

【形态特征】

落叶大乔木，高30余米，树皮薄片状不规则剥落，皮内淡绿白色，平滑；嫩枝叶密，被褐黄色星状毛。叶大如掌，3～5裂，中裂片长宽近相等，叶缘有不规则大尖齿。雌雄同株，头状花序，果球形，常2个生于1个果柄上（图6-25）。花期4～5月；果期9～10月。

图6-25　二球悬铃木形态特征

【生长习性】

喜光，喜湿润温暖气候，较耐寒，不耐阴。适生于微酸性或中性、排水良好的土壤，微碱性土壤虽能生长，但易发生黄化。抗空气污染能力较强，叶片具吸收有毒气体和滞积灰尘的作用。

【园林用途】

二球悬铃木是世界著名的城市绿化树种、优良庭荫树和行道树，有"行道树之王"之称，以其生长迅速、株型美观、适应性较强等特点广泛分布于全球的各个城市（图6-26）。

图 6-26　二球悬铃木园林用途

【繁殖方法】

二球悬铃木通常采用扦插和播种法育苗。

1. 扦插育苗

（1）采穗。落叶后及早采条，选取10年生母树上发育粗壮的1年生枝。粗度1～1.8厘米为宜，剪截成长15～20厘米的枝段，上端剪口在芽上约0.5厘米处平剪；下端剪口在芽以下1厘米左右斜剪，插穗有3个芽。

（2）贮藏。挖沟贮藏，沟深50厘米，灌透水，水渗下后将捆好的种条排列于沟内（图6-27），用湿沙填满种条缝间，上压湿沙15厘米左右。

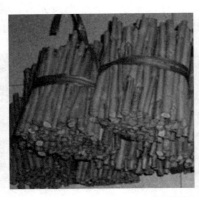

图 6-27　二球悬铃木插穗贮藏

（3）扦插。苗圃地要求排水良好，土质疏松，土层深厚，肥沃湿润。深耕30～45厘米，施足基肥。扦插行距30～40厘米，株距15～20厘米，一般直插，插穗入土3/4，地面上露出1个芽（图6-28）。为提高成活率常铺地膜。

（4）扦插苗管理。扦插后10～15天浇足发芽生根水，可促进早发芽，早生根，提高育苗成活率。5月选1个健壮新梢留作主干，其余芽全部摘除。6～8月为生长旺盛期，在旺盛期注意追肥，灌水。8月中旬之后控制肥水，特别是氮肥，否则新梢停长晚，推迟落叶期，冬春两季易抽条，影响二球悬铃木的质量。

图 6-28　二球悬铃木露地扦插育苗

2. 播种育苗

每公斤果球约有 120 个，每个果球约有小坚果 800 ～ 1000 粒，千粒重 4.9 克，每公斤小坚果约 20 万粒，发芽率 10% ～ 20%。

（1）种子处理。12 月间采果球摊晒后贮藏，到播种时捶碎，播种前将小坚果进行低温沙藏 20 ～ 30 天，可促使发芽迅速整齐。每亩约播种 15 千克。

（2）整地播种。苗床宽 1.3 米左右，床面施肥 2.5 ～ 5 千克/米²。在阴雨天 3 月下旬至 5 月上旬播种最好，3 ～ 5 天即可发芽。发芽后及时搭棚遮阴，当幼苗具有 4 片叶子时即可拆除荫棚。苗高 10 厘米时可开始追肥，每隔 10 ～ 15 天施一次。种子萌发阶段要求土壤湿润和较高的空气湿度，如在晴天播种，播后可覆草并经常浇水。

3. 大苗培育

培育悬铃木大苗，除施肥、灌水、松土除草外，主要是整形修剪（图 6-29）。

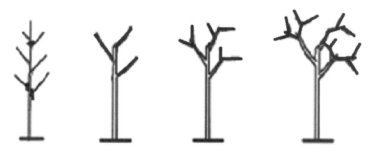

图 6-29　二球悬铃木大苗整形修剪

第二年春苗木移植，株行距 1.2 米 ×1.2 米或 1.5 米 ×1.5 米。凡干形弯曲的苗木应在距地面 3 厘米处截干，加强肥水管理，培育苗木的通直干形，二年生苗可高达 2 ～ 3 米。

第三年冬季对苗木进行整形修剪。在树高 2.8 ～ 3.2 米处定干，选择粗壮、分布均匀的 3 个主枝作为自然杯状树冠的骨架枝，并截短留 30 ～ 50 厘米。

第四年，在每个主枝上根据需要选留 2 ～ 3 个侧枝，要求同级侧枝留在同方向。冬季在侧枝 30 ～ 50 厘米处截短。

第五年，在苗木侧枝上再适当选留副侧枝，其余的枝条和分枝点以下的萌芽、萌蘖枝等全部疏除，即成自然杯状的行道树形。

【栽培管理】

悬铃木栽植成活率高，移植宜在秋季落叶后至春季萌芽前进行，可裸根移植。根系浅，不耐积水，注意栽植地地下水位的高低。

十、元宝槭

【科属】槭树科、槭树属

【产地分布】

广泛分布于东北、华北，西至陕西、四川、湖北，南达浙江、江西、安徽等省区。

【形态特征】

落叶乔木，高达10米。树皮纵裂。单叶对生，掌状5裂，裂片先端渐尖，有时中裂片或中部3裂片又3裂，叶基通常截形，最下部两裂片有时向下开展；嫩叶红色，秋季叶又变成黄色或红色（图6-30）。花小而黄绿色，花成顶生聚伞花序，4月花与叶同放。翅果扁平，翅较宽而略长于果核，形似元宝。花期在5月，果期在9月。

图6-30 元宝槭形态特征

【生长习性】

耐阴，喜温凉湿润气候，耐寒性强，较抗风，不耐干热和强烈日晒。对土壤要求不严，在酸性土、中性土及石灰性土中均能生长，但以湿润、肥沃、土层深厚的土中生长最好。深根性，生长速度中等，病虫害较少。对二氧化硫、氟化氢的抗性较强，吸附粉尘的能力亦较强。

【园林用途】

元宝槭嫩叶红色，秋叶黄色、红色或紫红色，树姿优美，叶形秀丽，为优良的观叶树种。宜作庭荫树、行道树或风景林树种（图6-31）。

图6-31 元宝槭园林用途

【繁殖方法】

元宝槭的繁殖以播种繁殖为主。

1. 整地

每亩施有机肥料 4000 ～ 5000 千克，并施以敌百虫粉，消灭土壤中害虫。秋翻耙平后作床，一般作低床，床长 10 米，宽为 1 米。

2. 种子催芽处理

首先将种子用 40 ～ 45℃温水浸泡 24 小时，中间换 1 ～ 2 次水，然后将种子捞出置于室温 25 ～ 30℃的环境中保湿，每天冲洗 1 ～ 2 次，待有 30% 种子裂口露白时，即可进行播种，或者采用湿沙层积催芽（参见第一章第三节播种前种子的处理），经过处理的种子可提高发芽率，出苗整齐、迅速。

3. 播种

一般以春播为好，4 月初至 5 月中上旬为播种期，播种方法为条播，行距为 15 厘米，播种深度为 3 ～ 5 厘米，播种前沟内灌底水，待水渗透后播种。播种量每亩 15 ～ 20 千克，播后覆土 2 ～ 3 厘米厚，稍加镇压，一般经 2 ～ 3 周可发芽出土，经过催芽的种子可以提前一周左右发芽出土。

【栽培管理】

元宝槭对土壤要求不严，喜肥，较耐瘠薄。夏季生长旺盛时，应保持土壤湿润，随灌水施尿素 2 ～ 3 次，也可叶面喷施。

十一、鸡爪槭

【科属】槭树科、槭属
【产地分布】

产于山东、河南南部、江苏、浙江、安徽、江西、湖北、湖南、贵州等省区。分布于北纬 30 ～ 40 度。鸡爪槭在各国早已引种栽培，变种和变型很多，其中有红槭和羽毛槭。

【形态特征】

落叶小乔木。树皮深灰色。小枝细瘦；当年生枝紫色或淡紫绿色；多年生枝淡灰紫色或深紫色。叶纸质，5 ～ 9 掌状分裂，通常 7 裂，裂片长圆卵形或披针形，先端锐尖或长锐尖，边缘具紧贴的尖锐锯齿；上面深绿色，下面淡绿色。花紫色，杂性，雄花与两性花同株，生于无毛的伞房花序，叶发出以后才开花（图 6-32）；花瓣 5，椭圆形或倒卵形，先端钝圆。翅果嫩时紫红色，成熟时淡棕黄色；小坚果球形。花期 5 月，果期 9 月。

图 6-32　鸡爪槭形态特征

【生长习性】

喜疏荫的环境，夏日怕日光曝晒，抗寒性强，能忍受较干旱的气候条件。多生于阴坡湿润山谷，耐酸碱，较耐燥，不耐水涝，凡日晒及潮风所到的地方，生长不良。适应于湿润和富含腐殖质的土壤。

【园林用途】

常植于山麓、池畔、园门两侧、建筑物角隅装点风景；还可植于花坛中作主景树，是园林中名贵的观赏乡土树种（图6-33～图6-35）。

图6-33　鸡爪槭园林用途

图6-34　红槭（鸡爪槭变种）园林用途　　　　图6-35　羽毛槭（鸡爪槭变种）园林用途

【繁殖方法】

鸡爪槭常采用种子繁殖和嫁接繁殖。一般原种用播种法繁殖，而园艺变种常用嫁接法繁殖。

1. 播种繁殖

10月采收种子后即可播种，或用湿砂层积至翌年春播种，播后覆土1～2厘米，浇透水，盖稻草，出苗后揭去覆草。条播行距15～20厘米，每亩播种量4～5千克。幼苗怕晒，需适当遮阴。当年苗高30～50厘米。移栽要在落叶休眠期进行，小苗可裸根移植，但大苗要带土球移植。

2. 嫁接繁殖

嫁接可用切接、靠接及芽接等法，砧木一般常用3～4年生鸡爪槭实生苗。切接在春天3～4月砧木芽膨大时进行，砧木最好在离地面50～80厘米处截断进行高接，这样当年能抽梢长达 50 厘米以上。

芽接时间以 5 ～ 6 月间或 9 月中下旬为宜。5 ～ 6 月间正是砧木生长旺盛期，接口易于愈合，春天短枝上发的芽正适合芽接；而夏季长枝上萌发的芽正适合在 9 月中下旬接于小砧木上。秋季芽接应适当提高嫁接部位，多留茎叶，能提高成活率。

【栽培管理】

鸡爪槭苗木移植需选较为庇荫、湿润而肥沃之地，在秋冬落叶后或春季萌芽前进行。小苗可裸根移植，移植大苗时必须带宿土。其秋叶红者，夏季要予以充分光照，并施肥浇水，入秋后以干燥为宜。如肥料不足，秋季经霜后，追施 1 ～ 2 次氮肥，并适当修剪整形，可促使新叶萌发。

十二、毛泡桐

【科属】玄参科、泡桐属

【产地分布】

泡桐属共 7 种，均产自我国，除东北北部、内蒙古、新疆北部、西藏等地区外全国均有分布。

【形态特征】

落叶乔木，但在热带为常绿。树冠圆锥形、伞形或近圆柱形，幼时树皮平滑而具显著皮孔，老时纵裂；通常假二叉分枝，枝对生，常无顶芽；除老枝外全体均被毛。叶对生，大而有长柄，生长旺盛的新枝上有时 3 枚轮生；叶心脏形至长卵状心脏形，基部心形，全缘、波状或 3 ～ 5 浅裂。花朵成小聚伞花序，具总花梗或无；花冠大，紫色或白色，花冠漏斗状钟形至管状漏斗形，内面常有深紫色斑点。蒴果卵圆形、卵状椭圆形、椭圆形或长圆形（图 6-36）。花期 4 ～ 5 月，果期 10 月左右。

图 6-36 毛泡桐形态特征

【生长习性】

毛泡桐是阳性树种，最适宜生长于排水良好、土层深厚、通气性好的砂壤土或砂砾土，它喜土壤湿润肥沃，以 pH 6 ～ 8 为好，对镁、钙、锶等元素有选择吸收的倾向，因此要多施氮肥，增施镁、钙、磷肥。适应性较强，能耐 -20 ～ -25℃的低温，但忌积水。

【园林用途】

毛泡桐树态优美，花色绚丽，叶片分泌液能净化空气，常用于城市绿地、道路、工矿区等绿化，既供观赏，又可改善生态环境（图 6-37）。

图 6-37　毛泡桐园林用途

【繁殖方法】

1. 播种繁殖

（1）**采种**。选择生长健壮、树干通直、无丛枝病、树龄在8年生以上的优良单株作采种母树。10月中旬前后，当蒴果呈黄褐色，个别开始开裂时，为适宜采种期。蒴果采集后，晾半月左右，待果皮开裂、种子脱出后，除去杂质，再晾五天左右，装入袋内，置于通风干燥处贮藏。毛泡桐种子千粒重0.2～0.4克，每公斤有种子250万～500万粒。成熟的种子发芽率一般在50%～60%，最高达80%左右。

（2）**整地作床**。选择灌溉方便、排水良好、土层深厚、地下水位低、疏松肥沃的砂壤土作圃地。圃地冬季深翻，施足基肥，春季浅耕细耙，作床。苗床采用高床为好，苗床一般宽1米，高30厘米，长10米。结合作床，每亩施硫酸亚铁5千克，进行土壤消毒。苗床作好后，床面要适当镇压，刮平，灌水一次，防止以后浇水时床面下陷，凹凸不平。

（3）**浸种催芽**。用40℃的温水浸种，并不停搅动至自然冷却，再继续浸泡24小时，取出放入盆内，放在28℃左右的温暖处催芽。在催芽过程中，每天用温水冲洗1～2次，并不断翻动。4～5天后，当有5%左右的种子开始发芽，露出白尖时，即可播种。种子发芽不可过长，否则会因播后温度下降发生"回芽"而失败。为减少病害发生，可用0.1%～0.2%的高锰酸钾溶液浸种20～30分钟，再用冷水冲洗，以消灭种子上的杂菌，减轻丛枝病和炭疽病的危害。

（4）**播种**。播种前灌水，使水分渗透床面。播种可采用撒播或条播，播后覆盖细土或焦泥灰。播后即在床面建拱棚，上面覆盖塑料薄膜，床面周围用土压紧，保持床面温度和湿度。要经常观测床内温度变化，发芽后，床内温度不超过35℃，温度过高时，要及时打开两头塑料薄膜，通风降温。随着气温的升高，白天可适当揭开薄膜，使幼苗得到锻炼。移栽前全部去掉薄膜，进行锻炼，使幼苗适应露地条件。遇到干旱时，要勤灌水，保持床面表土湿润。

（5）**间苗和移栽**。当苗木长到三对真叶时，如过密应分次间苗，待长到4～5对真叶时，即可移栽，移栽最好选在阴天，将3～4株苗同时带土起苗栽入一个穴内，栽后及时浇定根水。栽后5～7天苗恢复生长，成活率可达90%以上。移栽后的密度是否适宜十分关键，密度过大，苗木细弱，木质化程度差，冬季易抽条，从而降低苗木质量和造林成活率，生产实践证明，以每亩留苗666～1000株为宜。

（6）病虫害防治。幼苗生长期，容易遭受立枯病、地老虎、蛴螬等病虫危害，应及时开展病虫防治，每隔10天左右喷一次150～200倍的波尔多液，及时拔除病株。对害虫可用药物进行诱杀，必要时应结合人工捕杀。

（7）肥水管理。移栽后，为使苗木提早进入旺盛生长期，要加施追肥，追肥应本着早施、勤施的原则，尤其在旺盛生长期要多施追肥，促使旺长。一般从6月中旬起每隔20天左右追施速效氮肥一次，还可结合病虫防治加0.3%～0.5%的尿素进行根外追肥。梅雨季节要做好排水工作，防止积水和病害蔓延，干旱时要及时灌水，每次灌水后及时深锄培土，保持土壤疏松湿润，促进苗木生长。9月份，停止浇水施肥，防止苗木徒长，提高木质化程度。

2. 根插繁殖

（1）整地。苗圃地结合浅耕每亩施腐熟后的农家肥500千克，过磷酸钙25～40千克，有条件的还可加施饼肥25～50千克。每亩施50%锌硫磷颗粒剂1～1.5千克、硫酸亚铁10～15千克进行土壤消毒。然后作成高垄苗床，垄底宽40～50厘米，高20～30厘米。

（2）种根选择。种根最好选择1～2年生苗根，种根采集时间为落叶后到发芽前，一般都是将2月下旬至3月中旬挖出的根，剪截成长15～18厘米上平下斜的根穗（图6-38）。剪口要平滑、无损伤。剪好的根按粗细分级，50根一捆，并及时晾晒1～3天至切口不粘土，以防烂根，种根不要堆成大堆，以免发霉。

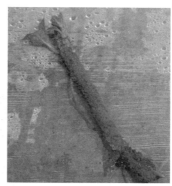

图 6-38　毛泡桐种根

（3）阳畦催芽。选择向阳背风的地方，挖一个宽1.5米，深30厘米，东西方向的阳畦，畦底铺5厘米的湿沙，将种根大头向上，单根直立于坑内，种根间填充湿沙，上盖塑料薄膜，10～15天即可发芽，芽长1厘米左右时，即可扦插。

（4）根插方法。毛泡桐根插（埋根）时间一般在3月上中旬，在垄上按株距挖好穴，将种根大头向上直立穴内，顶端埋入土中1厘米，两边土壤压实，使种根与土壤密接，催过芽的种根，如芽长到5厘米以上，埋根时应将芽露出地面。

育苗密度对苗木质量影响极大，其密度应根据育苗目标、土壤肥力和管理条件而定，如要培养苗高4米左右，地径6厘米以上的壮苗，根插密度以1米×1米或1米×1.2米为宜，每亩埋根556～667株。要培养更大的苗木，如苗高5米以上的壮苗，则可用1.2米以上的行距。

（5）苗期管理。幼苗出土长至10～20厘米时定苗，每个根穗上保留一个健壮的幼芽，其余除去。5月下旬到8月下旬这段时间，为苗的旺盛生长期，是培育壮苗的关键时期，应及时施追肥。第一次在5月底前，每株施稀释人粪尿1.5千克左右，或硫酸铵每亩30千克；第二次在6月中下旬，每亩施硫酸铵40～50千克，一般离苗木20～30厘米外开穴或挖沟施入，施后封土，浇水。此外还可用0.1%～0.2%的尿素水溶液进行根外施肥。7月中旬追施尿素或硫酸铵一次，施肥量可大些；8月上旬可施一次磷钾追肥，促进苗木木质化；9月上旬以后，控制肥水，以免苗木徒长。

【栽培管理】

毛泡桐春秋两季均可移植，以春季为好。苗木可裸根移植，定植后应裹干或树干刷白以防日灼。毛泡桐管理粗放，但喜土壤湿润肥沃，多施氮肥，增施镁、钙、磷肥有利于生长。毛泡桐适应性较强，在较瘠薄的低山、丘陵或平原地区也能生长，但忌积水。

十三、合欢

【科属】豆科、合欢属

【产地分布】

产于我国黄河流域及以南各地。分布于华东、华南、西南以及辽宁、河北、河南、陕西等省区。

【形态特征】

别名绒花树、马缨花。落叶乔木，高可达16米，树冠开展；二回羽状复叶，羽片4～12对，有时达20对；小叶10～30对。花序头状，多数伞房状排列，腋生或顶生；花冠漏斗状，5裂，淡红色；雄蕊多数而细长，雄蕊花丝犹如缕状，基部连合，半白半红，形似绒球，清香（图6-39）；荚果扁平带状。花期6～7月，果期9～11月。

图6-39　合欢形态特征

【生长习性】

性喜光，喜温暖湿润和阳光充足的环境，对气候和土壤适应性强，宜在排水良好、肥沃土壤中生长，但也耐瘠薄土壤和干旱气候，不耐水涝。对二氧化硫、氯化氢等有害气体有较强的抗性。

【园林用途】

合欢花叶清奇，绿荫如伞，可作绿荫树、行道树，或栽植于庭园水池畔等。在城市绿化中常孤植或群植于小区、庭院、路边、建筑物前（图6-40）。

图 6-40 合欢园林用途

【繁殖方法】

1. **露地播种繁殖**

（1）种子处理。合欢种皮坚硬，不易透水，可在播种前10天左右用60～80℃的温水浸种，水凉后再浸泡24小时，每天换水，然后取出种子与湿沙混合，催芽，待30%种子露白时，即可播种。

（2）播种方法。合欢可条播，覆土厚1厘米，每亩播种量为5千克。

（3）管理。播种后10天左右即可出苗，待幼苗长出2～3片真叶时及时间苗，定苗后株距20厘米。每月结合灌水施一次追肥。育苗期及时修剪侧枝，保证主干通直。

2. **营养钵育苗**

（1）配制营养土。采用坑塘泥土，或生草皮土经细筛筛后，与肥料混匀进行配制。在配制营养土时加入适量微量元素、杀菌剂和杀虫剂，从而防止土壤中有害生物对种子、幼苗造成危害，以保证苗木健康生长。

（2）整地作床。建南北向低床，苗床宽度以1～1.2米为宜，营养钵装满营养土后放入床内，浇1次透水，第2天即可进行播种。

（3）播种。合欢营养钵育苗常用点播法，每钵可下种3～4粒，播种后覆土厚度为1厘米，并保持土壤湿润。

【栽培管理】

合欢小苗可在萌芽之前裸根移栽，大苗宜在春季萌芽前和秋季落叶之后带足土球移栽。栽植后要及时浇水、设立支架，以防风吹倒伏。每年的秋末冬初时节施入基肥，可促使来年生长繁茂，着花更盛；生长季可适当追施复合肥。合欢幼树怕积水，雨季注意排水。

十四、紫叶李

【科属】蔷薇科、李属

【产地分布】

原产于亚洲西南部，中国华北及其以南地区广为种植。

【形态特征】

别名红叶李。落叶灌木或小乔木，高可达8米；多分枝，枝条细长，紫叶李枝干为紫灰色，嫩芽淡红褐色，叶子光滑无毛，叶常年紫红色。花瓣白色，单瓣（图6-41）。核果近球形或椭圆形，结实率很低，果很小，没有食用价值。花期 4 月，果期 8 月。

图 6-41　紫叶李形态特征

【生长习性】

喜阳光，喜温暖湿润气候，有一定的抗旱能力。对土壤适应性强，不耐干旱，较耐水湿，但在肥沃、深厚、排水良好的中性、酸性土壤中生长良好，不耐碱。以砂砾土为好，黏质土亦能生长，根系较浅，萌生力较强 。

【园林用途】

紫叶李整个生长季节都为紫红色，为著名观叶树种，孤植群植皆宜，能衬托背景。宜于建筑物前及园路旁或草坪角隅处栽植（图 6-42）。

图 6-42　紫叶李园林用途

【繁殖方法】

1. 嫁接繁殖

（1）砧木选择。砧木可用桃、李、梅、杏、山桃、山杏和毛桃的实生苗，相比较而言，桃砧生长势旺，叶色紫绿，但怕涝；李作砧木较耐涝；杏、梅作砧木寿命较长，但也怕涝。在华北地区以杏、山桃和毛桃作砧木最为常见。

（2）种子处理。山桃种子 1 亩地用 40 ～ 60 千克，用清水浸泡 24 小时，充分吸水后层积处理备用。

（3）整地播种。山桃播种整成平畦，畦宽 1.3 米；畦内播 4 行，宽窄行设计（图 6-43），中间宽行便于嫁接时进入。春季 3 ～ 4 月播种，播种前灌足水，2 ～ 3 天后按宽窄行在畦内开 4 条沟，沟深 4 ～ 5 厘米，种子均匀点播于沟内，覆土后镇压。一般 10 ～ 15 天可出苗。

50厘米　30厘米

图 6-43　山桃宽窄行播种

（4）砧木苗管理。在苗木长出2～3片真叶时进行间苗，株距15厘米左右。当苗木达到30厘米高时摘心，促进增粗和成熟。对苗木进行正常灌水、施肥。

（5）嫁接。山桃苗生长快，6月中下旬进行芽接，用"T"字形芽接，参见第二章第二节的嫁接育苗。

2. 扦插繁殖

（1）插条准备。选择树龄3至4年生长健壮的树作为母树。在深秋落叶后从母树上剪取无病虫害的当年生枝条，也可结合整形修剪将剪下的粗壮、芽饱满的枝条作为插穗。插穗剪成40～50厘米的枝段，按100～200支打捆，用湿沙埋入贮藏。

（2）整地。苗圃地每亩地均匀撒施1～1.5吨腐熟农家肥，并用多菌灵对土壤进行杀菌消毒；再撒施50%锌硫磷颗粒剂4000克杀灭地下害虫，然后作畦。南方作高畦，畦宽1米；畦沟宽0.3米，深0.2米。做好后稍加镇压，将畦面中耕耙平，准备扦插。北方最好作低畦，东西走向，畦埂南低北高（阳畦），主要是有利于提高地温和保湿。

（3）扦插方法。扦插时间为11月下旬至12月中旬。扦插前，先将枝条剪成长10～12厘米，有3～5个芽的插穗。插穗下端斜剪，上端平剪。剪好后立即将其下端浸入清水中浸泡15～20小时，使插条充分吸足水。用50毫克/升的ABT 6号生根粉蘸浸插穗以利生根。插穗斜面向下插入土中，株行距5厘米×5厘米，上端的芽露出地面0.5～1厘米。扦插后立即放水洇灌，使插穗与土壤密接。待地面稍干后用双层地膜覆盖保墒，同时在畦面上搭1米高塑料小拱棚以利保温、御寒。

（4）扦插苗管理。苗床有地膜和小拱棚的可保持长时间不灌水，如地膜下土壤干燥，再沿畦沟洇灌一次水。最低温度降至-5℃时，应在拱棚外加草帘防冻保温；最低气温升至0℃后，白天揭开草帘，夜晚四周围草帘；最低温度达到5℃以上时，白天应打开拱棚，适当放风，防高温灼伤幼苗。3月初，幼苗高3～5厘米时，白天揭开地膜通风炼苗，随幼苗生长逐渐加大通风量。3月中下旬至4月初，注意保持苗床潮湿。4月中旬揭去棚膜，及时施肥、除草、浇水。

【栽培管理】

紫叶李大苗移栽以春、秋为主，裸根移植，最好随起随栽，可提高移植成活率。紫叶李喜湿润环境，新栽植的苗要浇好三水，以后干旱时每月可浇水1～2次。7、8两月降雨充沛，如不是过于干旱，可不浇水，雨水较多时，还应及时排水，防止烂根。11月上中旬还应浇足、浇透封冻水。栽植后第2年可减少灌溉次数，第3年起只需每年早春和初冬浇足、浇透解冻水和封冻水即可。注意入秋后一定要控制浇水，防止水大而使枝条徒长，在冬季遭受冻害。

紫叶李喜肥,栽植时要施有机肥,以后每年在浇封冻水前可施入一些农家肥,可使植株生长旺盛,叶片鲜亮。紫叶李虽然喜肥,但施肥要适量,如果施肥次数过多或施肥量过大,会使叶片颜色发暗而不鲜亮,降低观赏价值。

十五、黄栌

【科属】漆树科、黄栌属

【产地分布】

原产于中国西南、华北和浙江。

【形态特征】

别名红叶、红叶黄栌。落叶小乔木或灌木,树冠圆形,高可达3~5米,木质部黄色,树汁有异味;单叶互生,叶片全缘或具齿,叶倒卵形或卵圆形。秋季叶色变红(图6-44)。圆锥花序疏松、顶生,花小、杂性,仅少数发育;花瓣5枚,长卵圆形或卵状披针形;雄蕊5枚;花盘5裂,紫褐色。核果小,肾形扁平,绿色。花期5~6月,果期7~8月。

图6-44 黄栌形态特征

【生长习性】

黄栌性喜光,也耐半阴;耐寒,耐干旱瘠薄和碱性土壤,不耐水湿,宜植于土层深厚、肥沃而排水良好的砂质壤土中。生长快,根系发达,萌蘖性强。对二氧化硫有较强抗性。秋季当昼夜温差大于10℃时,叶色变红。

【园林用途】

黄栌在园林造景中最适合于城市大型公园、天然公园、半山坡上、山地风景区内群植成林,宜表现群体景观。可应用于城市绿地及庭园中,宜孤植或丛植于草坪一隅、山石之侧、常绿树树丛前,体现色彩美(图6-45)。

图6-45 黄栌园林用途

【繁殖方法】

黄栌主要用播种繁殖。

1. 种子处理

6～7月黄栌果实成熟后采种，经湿沙贮藏40～60天即可播种。幼苗抗寒力较差，入冬前需覆盖树叶和草秸防寒。也可在采种后沙藏越冬，翌年春季播种。

2. 整地

选地势较高、土壤肥沃、排水良好的壤土为育苗地。整地时施足基肥。苗床宽1.2米，长视地形条件而定，床面低于步道10～15厘米，播前3～4天用多菌灵进行土壤消毒，灌足底水。

3. 播种技术

播种时间以3月下旬至4月上旬为宜。按行距33厘米开沟，将种与沙混合，撒播于沟内，每亩用种量6～7千克。覆土约1.5～2厘米，轻轻镇压后覆盖地膜。一般播后2～3周苗木出齐。

4. 苗期管理

在幼苗出土后20天内严格控制灌水，在不致产生旱害的情况下，尽量减少灌溉次数。20天后，一般10～15天浇水一次；后期应适当控制浇水，以利蹲苗，便于越冬。在雨水较多的秋季，应注意排水，以防积水，导致根系腐烂。

由于黄栌幼苗主茎常向一侧倾斜，故应适当密植。间苗一般分2次进行：第一次间苗，在苗木长出2～3片真叶时进行。第二次间苗在叶子相互重叠时进行，留优去劣，株距以7～8厘米为宜。

【栽培管理】

黄栌须根较少，一般在春季发芽前移栽为宜。移栽时，对地上树冠枝条适当短剪，以减少蒸发，利于成活。移栽后要及时浇足定根水，3天内若天气晴朗，早晨或傍晚浇水1次；3～7天内，隔天浇水1次，确保苗木移栽成活。栽植成活后，生长季追施有机肥2～3次，促进苗木健壮生长。雨季易生白粉病，应及时防治。

十六、西府海棠

【科属】蔷薇科、苹果属

【产地分布】

分布在中国云南、甘肃、陕西、山东、山西、河北、辽宁等地，目前许多地区已人工引种栽培。

【形态特征】

别名小果海棠，栽培品种有河北的"八棱海棠"、云南的"海棠"等。落叶乔木，高可达8米；叶片椭圆形至长椭圆形，先端渐尖或圆钝，基部宽楔形或近圆形，边缘有细锯齿；有托叶。花序近伞形，具花5～8朵；花瓣白色，初开放时粉红色至红色。果实近球形，红色，萼裂片宿存（图6-46）。花期4～5月，果期9月。

图 6-46　西府海棠形态特征

【生长习性】

喜光，耐寒，忌水涝，忌空气过湿，较耐干旱，对土质和水分要求不高，最适生于肥沃、疏松又排水良好的砂质壤土中。

【园林用途】

花色艳丽，一般多栽培于庭园供绿化用，不论孤植、列植、丛植均极为美观（图 6-47）。

图 6-47　西府海棠园林用途

【繁殖方法】

1. 播种繁殖

（1）种子处理。海棠种子在播种前，必须经过 30 ～ 100 天低温层积处理，才能出苗快、整齐，而且出苗率高。

（2）播种。海棠播种整成低畦，畦宽 1.1 ～ 1.3 米。每畦播 4 行，宽窄行条播（参见紫叶李中砧木的种子繁殖），覆土深度约 1 厘米，镇压后覆塑料膜保墒，出苗后掀去塑料膜，当年晚秋便可移栽。

2. 嫁接繁殖

（1）砧木选择。西府海棠可用播种繁殖，但后代容易产生变异，观赏效果有些会变差，而海棠属扦插难生根，因此，选择观赏效果好的西府海棠为接穗，进行嫁接繁殖可保持其优良特性，开花结果早。我国北方常用的砧木种类有西府海棠、山定子、裂叶海棠果等；南方则用湖北海棠。

（2）嫁接方法。春季用切接、劈接等方法枝接（图 6-48），夏秋季（6 ～ 9 月）可以用

"T"字形芽接法，具体方法见第二章第二节的嫁接育苗。

图 6-48　西府海棠嫁接苗

【栽培管理】

海棠移植时期以早春萌芽前或初冬落叶后为宜。一般大苗要带土球移植，小苗可裸根栽植。栽植前施足基肥，栽后浇透水。定植后幼树期保持土壤疏松湿润，适当灌溉。成活后每年秋施基肥，生长季追肥 3 ～ 4 次即可。每次土壤施肥后应结合灌水。

十七、樱花

【科属】蔷薇科、樱属

【产地分布】

分布于北半球温和地带，亚洲、欧洲至北美洲。在中国北京、西安、青岛、南京、南昌等城市作庭园树栽培。

【形态特征】

樱花为落叶乔木或灌木。高 4 ～ 16 米，树皮灰色。叶片椭圆卵形或倒卵形，先端渐尖或骤尾尖，基部圆形，稀楔形，边有尖锐重锯齿（图 6-49）。花常数朵着生在伞形、伞房状或短总状花序上，有花 3 ～ 4 朵，先叶开放；花瓣白色或粉红色，先端圆钝、微缺或深裂；樱花可分单瓣和重瓣两类（图 6-50）。单瓣类能开花结果（图 6-51），重瓣类多半不结果。核果成熟时肉质多汁，不开裂。花期 4 月，果期 5 月。

图 6-49　樱花的叶

图 6-50 樱花形态特征

图 6-51 樱花的果实

【生长习性】

性喜阳光和温暖湿润的气候条件，有一定抗寒能力。对土壤的要求不严，宜在疏松肥沃、排水良好的砂质壤土中生长，但不耐盐碱土。根系较浅，忌积水低洼地。有一定的耐寒和耐旱力，但对烟及风抗力弱，因此不宜种植在有台风的沿海地带。

【园林用途】

樱花常用于园林观赏，可大片栽植造成"花海"景观，可孤植或三五成丛点缀于绿地，也可作小路行道树（图 6-52）。

图 6-52 樱花园林用途

【繁殖方法】

樱花以嫁接繁殖为主，播种、扦插也可。

1. 播种繁殖

樱花单瓣品种可结实，可用播种繁殖，种子需要层积处理后翌年春播。具体参见第一章播种育苗。

2. 嫁接繁殖

嫁接一般选用樱桃、山樱桃实生苗作砧木，以优良品种樱花作接穗。主要采用切接，具体操作参见第二章第二节的嫁接育苗。芽接则很少采用。

3. 扦插繁殖

（1）插条的处理。6月中上旬至9月中上旬采集当年萌发的半木质化枝条剪成10～15厘米长的枝段，每个枝段保留顶部2～3片叶，其余叶片连同叶柄一起摘掉，插条下端平剪。把剪好的插条捆成50枝或100枝的小捆，将插条基部约3～4厘米在50毫克/升的ABT生根粉1号溶液中浸泡5～8小时或在100毫克/升的溶液中浸泡2～4小时。

（2）插床设置。选阴凉易排水处建宽1.2～1.5米、长5.0～6.0米的苗床，上部建小拱棚，拱棚高度70～90厘米。底部先下挖25厘米而后铺垫厚10厘米左右的炉渣，上面再铺厚10厘米左右的膨胀珍珠岩或干净河沙作为扦插基质，浇透水。

（3）扦插。将插条按株距3厘米、行距5厘米扦插于插床内（以插条叶片互不重叠为宜）。扦插时先用稍粗于插条的短木棒打孔，然后将插条插入孔内，压实插条周围的基质，使基质与插条紧密接触，扦插深度为4～5厘米。

（4）插后管理。扦插后立即用清水喷透，盖严棚膜，相对湿度保持在95%以上。以后每天清晨适量喷清水1次。拱棚内温度宜保持在30℃左右，若超过35℃可喷水降温，基质温度以25℃左右为宜。扦插初期喷水量应偏大一些，以后逐渐减少。插条开始生根时（一般在扦插后15天左右），早晚可适当通风，随后逐渐加大通风量、延长通风时间。待插条根长达到3～5厘米、每插条有3～5条根时即可移栽。

（5）移栽。移栽前将棚膜逐渐打开炼苗7天左右，并减少喷水量。将经锻炼的扦插苗直接移入大田，立即浇透水用遮阳网遮阴几天，忌暴晒。也可先移入营养钵中（基质要求通透性好），放入小拱棚内浇透水，覆上棚膜保湿遮阴几天，开始时每天早晚通风，2～3天后逐渐加大通风量，10天后打开棚膜去掉遮阴物，再炼苗4～5天后即可移入大田。

【栽培管理】

南方在落叶后至萌芽前均可带土球移植，北方在早春土壤解冻后立即带土球移植。定植后苗木易受旱害，除定植时充分灌水外，以后8～10天灌水一次，保持土壤潮湿但无积水。灌后及时松土，最好用草将地表薄薄覆盖，减少水分蒸发。在定植后2～3年内，为防止树干干燥，可用稻草包裹。

樱花每年施肥两次，以酸性肥料为好。一次在冬季或早春施用豆饼、鸡粪等腐熟的有机肥；另一次在落花后，施用硫酸铵、硫酸亚铁、过磷酸钙等速效肥料。

十八、玉兰

【科属】木兰科、木兰属

【产地分布】

原产于中国长江流域，庐山、黄山、峨眉山等处有野生苗。现北京及黄河流域以南都有栽培。

【形态特征】

别名白玉兰。落叶乔木，高达 25 米，胸径 1 米，树冠宽阔；树皮深灰色，粗糙开裂；小枝稍粗壮，灰褐色；冬芽及花梗密被淡灰黄色长绢毛。叶纸质，倒卵形、宽倒卵形或倒卵状椭圆形，叶上面深绿色，嫩时被柔毛，下面淡绿色。花蕾卵圆形，花先叶开放，直立，芳香；花梗显著膨大，密被淡黄色长绢毛；花被片 9 片，白色，基部常带粉红色（图 6-53）。花期 2～3 月（亦常于 7～9 月再开一次花），果期 8～9 月。

图 6-53　玉兰形态特征

【生长习性】

玉兰性喜光，较耐寒，北京以南可露地越冬。爱干燥，忌低湿，栽植地渍水易烂根。喜肥沃、排水良好而带微酸性的砂质土壤，在弱碱性的土壤上亦可生长。在气温较高的南方，12 月至翌年 1 月即可开花。玉兰花对有害气体的抗性较强，对二氧化硫和氯气具有一定的抗性和吸硫的能力，因此，玉兰是大气污染地区很好的防污染绿化树种。

【园林用途】

古时多在亭、台、楼、阁前栽植。现多孤植、散植于园林、厂矿中，或栽植于道路两侧作行道树（图 6-54）。

图 6-54　玉兰园林用途

【品种分类】

二乔玉兰为杂交种，有许多品种，不同品种颜色不同，花被片红色、淡紫红色、玫瑰色、白色等，花先叶开放（图6-55）。

图6-55　二乔玉兰形态特征

紫玉兰为中国特有植物种类，分布在中国云南、福建、湖北、四川等地，花与叶同时或稍后于叶开放；花被片紫色或紫红色（图6-56）。

图6-56　紫玉兰形态特征

【繁殖方法】

1. 播种繁殖

（1）种子采收和贮藏。玉兰的果实在9～10月成熟，成熟时果实开裂，露出红色假种皮，需在它的果实微裂、假种皮刚呈红黄色时及时采收。果实采下后，放置阴处晾5～6天，促使开裂，取出具有假种皮的种子，放在清水中浸泡1～2天，擦去假种皮除出瘪粒，也可拌以草木灰搓洗除去假种皮。取得的白净种子拌入煤油或磷化锌以防鼠害。

（2）播种。播种期有秋播（随采随播）及春播两种。苗床地要选择肥沃疏松的砂质土壤，深翻并灭草灭虫，施足基肥。床面平整后，开播种沟，沟深5厘米，宽5厘米，沟距20厘米左右，进行条播，将种子均匀播于沟内，覆土后稍压实。

（3）播种苗管理。在幼苗具2～3片真叶时可带土移植。由于苗期生长缓慢，要经常除草松土。5～7月间，施追肥3次，可用充分腐熟的稀薄粪水。

2. 扦插繁殖

（1）苗床铺建。苗床基质要求排水、通气良好，并安装自动间歇喷雾设备，扦插前基质用800倍多菌灵消毒。

（2）插穗处理。春末至夏初选择半木质化的枝条作插穗，插穗下端纵刻几刀，并用1000毫克/升的吲哚丁酸速蘸处理后扦插。扦插密度以叶片互不重叠为宜。

（3）苗床管理。在间歇喷雾条件下，温度控制在24℃左右，湿度在90%左右，为插穗提供良好的生根条件。

【栽培管理】

玉兰一般在萌芽前 10～15 天或花刚谢而未展叶时移栽较为理想。玉兰既不耐涝也不耐旱，新种植的玉兰应该保持土壤湿润。玉兰喜光，幼树较耐阴，不耐强光和日晒，可种植在侧方挡光的环境下，种植于大树下或背阴处则生长不良。

玉兰较耐寒，能耐 -20℃的短暂低温，但不宜种植在风口处，否则易发生抽条，在北京地区背风向阳处无须缠干等措施就可以在露地安全越冬。

玉兰喜肥、喜湿润，早春的返青水、初冬的防冻水是必不可缺的；在生长季节，可每月浇一次水，雨季应停止浇水，在雨后要及时排水。玉兰除在栽植时施用基肥外，每年施肥4次，即花前施用一次氮、磷、钾复合肥；花后要施用一次氮肥；在7～8月施用一次磷、钾复合肥；入冬前结合浇封冻水再施用一次腐熟发酵的圈肥。

十九、碧桃

【科属】蔷薇科、桃属

【产地分布】

主要分布于江苏、山东、浙江、安徽、浙江、上海、河南、河北等地。

【形态特征】

别名千叶桃花，是桃的一个变种。落叶小乔木，高3～8米；树冠宽广而平展；芽2～3个簇生，多中间为叶芽，两侧为花芽。叶片长圆披针形、椭圆披针形或倒卵状披针形；叶色多绿色，少有紫红色品种。花单生，先于叶开放；花多种类型，多重瓣，色彩鲜艳丰富，有红色、粉色、红白双色等（图6-57）。花期3～4月，果实成熟期因品种而异，通常为8～9月。

图 6-57　碧桃形态特征

【生长习性】

碧桃性喜阳光,耐旱,不耐潮湿的环境。喜欢气候温暖的环境,耐寒性较好。要求土壤肥沃、排水良好。不喜欢积水,如栽植在积水低洼的地方,容易出现死苗。

【园林用途】

碧桃的园林绿化用途广泛,绿化效果突出。可列植、片植、孤植,当年便有特别好的绿化效果(图6-58)。

图6-58　碧桃园林用途

【繁殖方法】

用嫁接法繁殖,砧木用山桃、毛桃。山桃、毛桃用播种法繁殖,参见紫叶李繁殖。

1. 接穗选择

碧桃母树要选择健壮而无病虫害、花果优良的植株,选当年的新梢粗壮枝、芽眼饱满枝为接穗。

2. 嫁接方法

夏季芽接南方以6～7月中旬为佳,北方以7～8月中旬为宜。一般用"T"字形芽接。参见第二章第二节的嫁接育苗。

3. 接后管理

芽接成活后及时解绑、剪砧、除萌,同时结合施肥,一般施复合肥1～2次,促使接穗新梢木质化,增强抗寒性。

【栽培管理】

碧桃一般裸根栽植。碧桃喜干燥向阳的环境,故栽植时要选择地势较高且无遮阴的地点,不宜栽植于沟边及池塘边,也不宜栽植于树冠较大的乔木旁。

碧桃耐旱,怕水湿,一般除早春及秋末各浇一次开冻水及封冻水外其他季节不用浇水。但在夏季高温天气,如遇连续干旱,适当的浇水是非常必要的。雨天还应做好排水工作,以防水大烂根导致植株死亡。

碧桃喜肥,但不宜过多,可用腐熟发酵的有机肥作基肥,每年入冬前施入,6～7月如施用1～2次速效磷、钾肥,可促进花芽分化。

二十、梅花

【科属】蔷薇科、杏属

【产地分布】

我国各地均有栽培，但以长江流域以南各省区最多，江苏和河南也有少数品种，某些品种已在华北引种成功。

【形态特征】

落叶小乔木，稀灌木，高可达 10 米，小枝绿色。叶片卵形或椭圆形，先端尾尖，基部宽楔形至圆形，叶边常具小锐锯齿，灰绿色。花单生或有时 2 朵同生于 1 芽内，香味浓，先于叶开放；花瓣倒卵形，多为白色、粉色、红色、紫色、浅绿色（图 6-59）。果实近球形。花期冬春季，果期 5 ～ 6 月（在华北果期延至 7 ～ 8 月）。

图 6-59　梅花形态特征

【生长习性】

对土壤要求不严，喜湿怕涝，较耐瘠薄；喜阳光充足，通风良好。

【园林用途】

梅花最宜植于庭院、草坪，或成片栽植营造专类园。可孤植、丛植、群植（图 6-60）。

图 6-60　梅花园林用途

【繁殖方法】

梅花常用嫁接法育苗，也可用扦插、压条法。

1. 嫁接繁殖

南方多用梅和桃作砧木，北方多采用杏与山杏作砧木，其嫁接成活率高，且耐寒力强。嫁接主要用切接、劈接、腹接等。具体嫁接方法参见第二章第二节的嫁接育苗。

2. 扦插繁殖

适用于较易生根的梅花品种，如朱砂、宫粉、绿萼、骨里红、素白台阁等。扦插可在 11 月份梅花落叶后进行，选取幼龄母株上当年生健壮枝条，剪成长度为 10～15 厘米的段，基部切口用 1000～2000 毫克/千克吲哚丁酸浸泡 5～10 秒钟，然后插于准备好的苗床中，扦插深度为插穗长度的 1/3～2/3，插后浇透水，用小拱棚覆盖保温，温度控制在 10～20℃为宜，翌年 3 月份可生根发芽。也可选用梅花嫩枝扦插，于 4 月底至 5 月初进行。插穗选用当年生带踵的枝条，长度以 10～15 厘米为宜，用 ABT-1 生根粉浸泡切口处 30 分钟，再加以间歇性喷雾，可促使其快生根，且成活率高，可达 70% 以上。

3. 压条繁殖

在早春将 1～2 年梅花萌蘖条，用利刃环割 1 厘米左右宽，埋入土中 3～4 厘米，保持土壤水分，于秋后割离，另行分栽。也可用高压法，此方法一般是在繁殖大苗时所采用的方法，常在梅雨季节进行。

【栽培管理】

梅在南方可地栽，耐寒品种在黄河流域也可地栽，但在北方寒冷地区则应盆栽，室内越冬。在落叶后至春季萌芽前均可带土球栽植。

栽植前施好基肥，同时掺入少量磷酸二氢钾。栽植成活后花前再施 1 次磷酸二氢钾，花后施 1 次腐熟的饼肥，补充营养。6 月还可施 1 次复合肥，以促进花芽分化。秋季落叶后，施 1 次有机肥，如腐熟的粪肥等。

梅既不能积水，也不能过湿过干，浇水掌握见干见湿的原则。一般天阴、温度低时少浇水，反之多浇水。

第二节　落叶灌木育苗技术

一、牡丹

【科属】芍药科、芍药属

【产地分布】

牡丹原产于中国西部秦岭和大巴山一带山区，是我国特有的木本名贵花卉。经过多年栽培技术的改进，目前牡丹的栽植遍布了全国各省（自治区、直辖市）。栽培面积最大最集中的有菏泽、洛阳、北京、临夏、天彭县、铜陵市等。

【形态特征】

别名洛阳花、富贵花、木芍药等。落叶灌木。株高多在 0.5～2 米之间；分枝短而粗。根系发达，具有多数深根性的肉质主根和侧根。叶通常为二回三出复叶，偶尔近枝顶的叶为 3 小叶；顶生小叶宽卵形，3 裂至中部，裂片不裂或 2～3 浅裂，表面绿色，背面淡绿色（图 6-61）。花单生枝顶，花瓣 5 片或多片，花瓣倒卵形，顶端呈不规则的波状；按花瓣多少可分为单瓣类、重瓣类、千瓣类；花色有玫瑰色、红紫色、粉红色、白色等，通常变异很大（图 6-62）；蓇葖长圆形，密生黄褐色硬毛。花期 5 月；果期 6 月。

图 6-61　牡丹叶的形态特征

图 6-62　牡丹花的形态特征

【生长习性】

性喜温暖、凉爽，耐寒，最低能耐 -30℃的低温。喜阳光，也耐半阴，充足的阳光对其生长较为有利，但不耐夏季烈日暴晒。耐干旱，忌积水。适宜在疏松、深厚、肥沃、地势高燥、排水良好的中性砂壤土中生长。酸性或黏重土壤中生长不良。

【园林用途】

牡丹是我国特有的木本名贵花卉，素有"国色天香""富贵之花""花中之王"的美称。可孤植、丛植于园林绿地、庭园等处，观赏效果极佳。在园林中常用作专类园，供重点美化区应用（图6-63）。

图6-63 牡丹园观赏效果

【品种分类】

1. 按株型分

牡丹因品种不同，牡丹植株有高有矮、有丛有独、有直有斜、有聚有散，各有所异。一般来说按其形状或分为五个类型：直立型、疏散型、开张型、矮生型、独干型。

2. 按花瓣多少和形态分

根据花瓣层次的多少，传统上将花分为：单瓣（层）类、重瓣（层）类、千瓣（层）类。在这三大类中，又视花朵的形态特征分为：葵花型、荷花型、玫瑰花型、半球型、皇冠型、绣球型六种花型。新的花型分类，即把牡丹花型分为单瓣型、荷花型、菊花型、蔷薇型、千层台阁型、托桂型、金环型、皇冠型、绣球型、楼子台阁型。

3. 按花色分

根据花色可分为复色类、绿色类、黄色类、墨紫色类、粉色类、白色类、粉蓝（紫）色类、紫色类、紫红色类、红色类。

【繁殖方法】

牡丹的繁殖方法分为两类：一类是有性繁殖，即播种繁殖；另一类是无性繁殖，包括分株、嫁接、扦插、压条、组织培养等。

1. 播种繁殖

牡丹种子的千粒重约为150～180克，所以，播种繁殖系数较大，可以在短期内获得大量苗木，根据这个特点，牡丹播种繁殖多用于培养药用牡丹和嫁接用的砧木。牡丹单瓣型品种结实力强、籽粒饱满、发芽率高、适应性广、生长势强、变异性小，其中以单瓣型品种"凤丹"最具代表性，常用作嫁接的砧木。牡丹种子九分成熟时采收并立即播种，第二年春季发芽整齐，若种子老熟或播种过晚，第二年春季多不发芽，要到第三年春季才发芽。一般采用条播，行距30～50厘米，开沟深4～6厘米，沟内每隔5厘米点一粒种子，播种后覆土12～15厘米，成土丘状，翌年春平土。种子发芽率可达60%～80%。播种后3～5年方可开花，但以5年生以上的植株结籽多，籽粒饱满。

2. 无性繁殖

（1）嫁接法。嫁接是牡丹最常用的繁殖方法，具有成本低、速度快、繁殖系数高、

苗木整齐规范等优点。影响嫁接成活的因素主要有嫁接时间、砧木、接穗和嫁接方法等几个方面。牡丹嫁接可用单瓣牡丹作砧木，用枝接的方法嫁接，参见第二章第二节的嫁接繁殖。

图6-64　牡丹嫁接苗

牡丹也可采用根接法（图6-64），选择2～3年生芍药根作砧木，在立秋前后先把芍药根挖掘出来，阴干2～3天稍微变软后，取下面带有须根的一段截成10～15厘米。采生长充实的当年生牡丹枝条作接穗，截成长6～10厘米，每段接穗上要有1～2个充实饱满的侧芽，用劈接法或切接法嫁接在芍药的根段上，接好后立即栽植在苗床上，栽时将接口栽入土内6～10厘米，然后再轻轻培土，使之呈屋脊状。培土高度要高于接穗顶端10厘米以上，以便防寒越冬。寒冷地方要进行盖草防寒，来年春暖后除去覆盖物和培土，露出接穗让其萌芽生长。

（2）分株法。牡丹没有明显的主干，为丛生状灌木，很适合分株，也较简便易行。分株在寒露（10月8日）前为宜，暖地可稍迟，寒地宜略早，分株过迟，发根弱或不发根，过早则易秋发，黄河流域多在9月下旬至10月下旬进行。

选择4～5年生健壮的母株，将其掘出，去其泥土，顺其自然长势，从根颈处一株分为二，繁者为三；分株后，可在根颈上部3～5厘米处剪去，伤口用1%硫酸铜或400倍多菌灵浸泡，然后栽植，壅土越冬，翌年春平地浇肥。每3～4年施行1次分株，每次得到1～3株苗，其繁殖缓慢，但分株苗当年可以开花，如果能结合植物生理的促萌手段，增加枝条数量，其繁殖系数可望有所提高。

（3）压条法。

① 地面压条。适合根蘖（土芽）少及根系不发达的品种，入秋后，选择近地面的1～2年生枝刻伤压入土壤里，在刻伤处可生新根，翌年秋剪断压条分别种植。也可以在5月底6月初花期后，选择健壮的1～3年生枝，在当年生枝与多年生枝交界处刻伤后压入土中，经常保持土壤湿润以促进生根，翌年秋季须根已较多，可与母株分离种植。

② 空中压条。在牡丹开花后10天左右枝条半木质化时，于嫩枝基部第2～3叶腋下0.5～1厘米处环剥，宽约1.5厘米，用脱脂棉蘸生长素溶液如吲哚丁酸IBA（50～70毫克/升）或ABT 1号（40～60毫克/升）缠于环剥口，以塑料薄膜在枝条切口部位卷成长筒状后固定，填入炉渣与苔藓混合基质，封口固定，立竿支撑，以后每隔15～20天注水保湿，嫩枝生根

率可达 70% 以上。

【栽培管理】

秋季是牡丹的最佳栽植时期，以 9 月中旬至 10 月下旬带土球移栽为宜。牡丹是深根性肉质根，平时浇水不宜过多，宜干不宜湿。栽培牡丹基肥要足，基肥可用堆肥、饼肥或粪肥。通常一年施肥 3 次，即开花前半个月喷一次磷肥为主的肥水加花朵壮蒂灵；花后半个月施一次复合肥；入冬前施一次有机肥。

二、中华金叶榆

【科属】榆科、榆属

【产地分布】

在我国广大的东北、西北地区生长良好，同时有很强的抗盐碱性，在沿海地区可广泛应用。其生长区域北至黑龙江、内蒙古，东至长江以北的江淮平原，西至甘肃、青海、新疆，南至江苏、湖北等地，是我国目前彩叶树种中应用范围最广的一个。

【形态特征】

金叶榆是白榆变种。叶片金黄色，有自然光泽，色泽艳丽；叶脉清晰，质感好；叶卵圆形，比普通白榆叶片稍短；叶缘具锯齿，叶尖渐尖，互生于枝条上。一年中叶色随季节发生变化，初春娇黄，夏初叶片变得金黄艳丽，盛夏后至落叶前，树冠中下部的叶片渐变为浅绿色，枝条中上部的叶片仍为金黄色（图 6-65）。金叶榆的枝条萌生力很强，比普通白榆更密集，树冠更丰满。

图 6-65　中华金叶榆形态特征

【生长习性】

中华金叶榆根系发达，耐贫瘠，对寒冷、干旱气候具有极强的适应性，抗逆性强，可耐 -36℃ 的低温，同时有很强的抗盐碱性。工程养护管理比较粗放，定植后灌一两次透水就可以保证成活。对榆叶甲类有明显抗虫性，无明显病害。

【园林用途】

中华金叶榆生长迅速，枝条密集，耐强度修剪，造型丰富，用途广泛。既可培育为黄色乔木，作为园林风景树，又可培育成黄色灌木及高桩金球，广泛应用于绿篱、色带、拼图、造型（图 6-66）。

图 6-66　中华金叶榆园林用途

【繁殖方法】

1. 嫁接繁殖

中华金叶榆主要以白榆为砧木进行嫁接繁殖。砧木培育参见榆树育苗。

图 6-67　中华金叶榆高接

（1）枝接。

① 高接。以培育乔木状金叶榆为目的。选取胸径 3 厘米以上的主干通直的白榆苗作砧木（图 6-67）。在砧木两米左右处锯断，削平茬口，一般可同时插两根接穗，较粗的砧木插 3 ~ 4 根接穗，可用劈接或插皮接的方法，具体操作见第二章第二节的嫁接繁殖。

② 地接。以培育灌木形金叶榆为目的，适用于以一年至二年生白榆苗作砧木嫁接，在地面 10 厘米左右处嫁接，方法同上，一般一株砧木只插一根接穗（图 6-68）。

图 6-68　中华金叶榆地接

（2）芽接。

① 夏季芽接。6 ~ 7 月时，用"T"字形芽接方法，具体操作见第二章第二节的嫁接繁殖。

② 秋季芽接。时间为 8 月中下旬，此时接穗已不离皮，采用带木质部芽接（或嵌芽接）的嫁接方法，具体操作见第二章第二节的嫁接繁殖。

2. 扦插繁殖

（1）嫩枝扦插。嫩枝扦插时间在 5 ~ 7 月上旬，以全光雾插较易管理。剪取当年生的半木质化的枝条，截成 15 ～ 20 厘米，剪去中下部叶片，保留上部 4 ～ 5 片叶，绑缚成捆，用 100 毫克／升的 ABT 生根粉 6 号浸泡基部 2 小时，扦插至沙土中，密度以叶子完全覆盖沙面为宜，加遮阴网遮阴（图 6-69）。扦插后立即喷雾，每天 3 ～ 4 次，气温过高时，中午加喷一次。20 天左右可长出新根。

图 6-69　中华金叶榆嫩枝扦插

（2）硬枝扦插。硬枝扦插的扦插时间在 3 月中旬。插穗可在上年入冬前剪取，选取 0.5 厘米以上的壮条，截成 15 ～ 20 厘米，绑缚成捆，进行沙藏。扦插前取出插穗，用清水洗净沙土，用 100 毫克／升的 ABT 生根粉 6 号浸泡基部 2 小时。一般可直接进行大田扦插，行距 50 厘米，株距 15 厘米，随开沟随扦插，插穗微露出地面，将土踩实，覆盖地膜，浇透水。4 月上旬开始出芽，此时应及时从芽眼处抠破地膜，利其长出地面。4 月底新根才能长出。

【栽培管理】

中华金叶榆移植一般在秋季落叶后至春季萌芽前进行，裸根移植，要尽量多带根。养护管理比较粗放，定植后灌一两次透水就可以保证成活。成活后每年春季萌芽前浇一次透水，北方初春旱风较厉害，相隔 7 ～ 10 天时间再补一次水，避免因风造成苗木失水死亡。夏季金叶榆生长旺盛，应根据土壤干旱情况及时浇水；雨季减少浇水次数。

中华金叶榆早春萌芽前主要以施氮、磷、钾复合肥较好，同时施用一些腐熟发酵的有机肥，不仅可以提升土壤的肥力和活性，还可以平衡整株植物的营养，提升萌芽动力。一般每 2 年施用一次。

三、连翘

【科属】木犀科、连翘属

【产地分布】

分布于中国北部和中部，朝鲜也有分布。

【形态特征】

连翘为落叶灌木，植株高 0.8 ～ 1.2 米，冠椭圆形或卵形，枝干丛生，枝开展，小枝黄色，弯曲下垂。单叶对生，边缘具锯齿或全缘，叶上面深绿色，下面淡黄绿色。花腋生，黄色，具 4 裂片，裂片长于筒部（图 6-70）。蒴果卵形。花期 3 ～ 4 月，果期 7 ～ 9 月。

图 6-70　连翘形态特征

【生长习性】

耐干旱，抗寒性强，喜光，宜栽植于阳光充足或稍遮阴的环境中，喜偏酸性、湿润、排水良好的土壤。钙质土壤上生长良好。

【园林用途】

连翘广泛用于城市美化，早春先叶开花，花开满枝金黄，艳丽可爱，是早春优良观花灌木。适宜于宅旁、亭阶、墙隅、篱下与路边配植，也宜于溪边、池畔、岩石、假山下栽种（图 6-71）。

图 6-71　连翘园林用途

【繁殖方法】

繁殖方式可用扦插、压条、分株等。于夏季阴雨天，将 1 ～ 2 年生的嫩枝中上部剪成 30 厘米长的插条，在苗床上按株行距 5 厘米 ×30 厘米栽植，开 20 厘米深的沟，将插穗斜摆在沟内，然后覆土压紧，保持畦床湿润，当年即可生根成活。

【栽培管理】

连翘常在落叶后移植，一般裸根移植。栽植前穴内施足基肥，以后可不再追肥。萌芽前至花前灌水 2 ～ 3 次，夏季干旱时灌水 2 ～ 3 次，秋后土壤结冻前灌一次水，雨季注意排水。定植后，每年冬季结合松土除草施入腐熟厩肥、饼肥或土杂肥，用量为幼树每株 2 千克，大树每株 10 千克。

四、小叶女贞

【科属】木犀科、女贞属

【产地分布】

产于陕西南部、山东、河北、江苏、安徽、浙江、江西、云南、西藏等地。

【形态特征】

落叶灌木，高 1 ～ 3 米。小枝淡棕色，圆柱形，密被微柔毛，后脱落。叶片薄革质，形状和大小变异较大，披针形、长圆状椭圆形、椭圆形等，先端锐尖、钝或微凹，基部狭楔形至楔形，叶缘反卷，上面深绿色，下面淡绿色。圆锥花序顶生，近圆柱形，花冠长 4 ～ 5 毫米，花白色（图 6-72）。果倒卵形、宽椭圆形或近球形，呈紫黑色。花期 5 ～ 7月，果期 8 ～ 11 月。

图 6-72　小叶女贞形态特征

【生长习性】

小叶女贞喜阳，稍耐阴，较耐寒，但幼苗不甚耐寒。华北地区可露地栽培；对二氧化硫、氯化氢等有毒气体有较好的抗性。耐修剪，萌发力强。适生于肥沃、排水良好的土壤。

【园林用途】

小叶女贞为园林绿化中的重要绿篱材料；小叶女贞球主要用于道路绿化、公园绿化、住宅区绿化等（图 6-73）。抗多种有毒气体，是优秀的抗污染树种。

图 6-73　小叶女贞园林用途

【繁殖方法】

可用播种、扦插和分株方法繁殖，但以播种繁殖为主。

1. 播种繁殖

10 ～ 11 月当核果呈紫黑色时即可采收，采后立即播种；也可晒后干藏至翌年 3 月播种。播种前将种子用温水浸泡 1 ～ 2 天，待种浸胀后即可播种。采用条播，行距 30 厘米，播幅 5 ～ 10厘米，深 2 厘米，播后覆细土，然后覆以稻草。注意浇水，保持土壤湿润。待幼苗出土后，逐步去除稻草，枝叶稍开展时可施以薄肥。当苗高 3 ～ 5 厘米时可间苗，株距 10 厘米。实生苗一般生长较慢，2 年生苗可作绿篱用。

2. 扦插繁殖

扦插时间在 3 ～ 4 月。春插是冬初采取当年生枝条，剪成 15 ～ 20 厘米长的枝段，然后沙藏，经过 3 ～ 4 个月的沙藏后，可形成愈伤组织，到翌年春扦插时，较易成活，用萘乙酸处理后可提高成活率一倍左右。扦插株行距 20 厘米 ×30 厘米，扦插深度为插穗的 2/3。插后常浇水，以保持适当的湿度，一个月后可生根。

3. 分株繁殖

在春季将根蘖带根分割后，分栽于苗圃，栽后立即浇水。

【栽培管理】

小叶女贞移植以春季 2 ～ 3 月份为宜，秋季亦可。一般中小苗带宿土，大苗需带土球，栽植时不宜过深。为提高成活率，可剪去部分枝叶，减少水分蒸发。定植时，在穴底施肥，促进生长。

五、紫叶小檗

【科属】小檗科、小檗属

【产地分布】

产于中国浙江、安徽、江苏、河南、河北等地。中国各省区市广泛栽培，各北部城市基本都有栽植。

【形态特征】

紫叶小檗也叫红叶小檗，为落叶灌木，高 1 ～ 2 米。叶深紫色或红色，幼枝紫红色，老枝灰褐色或紫褐色，具刺。叶全缘，菱形或倒卵形，在短枝上簇生。花单生或 2 ～ 5 朵成短总状花序，黄色，下垂，花瓣边缘有红色纹晕（图 6-74）。浆果红色，宿存。花期 4 月，果期 8 ～ 10 月。

图 6-74 紫叶小檗形态特征

【生长习性】

紫叶小檗喜凉爽湿润环境，耐寒也耐旱，不耐水涝，喜阳也能耐阴，萌蘖性强，耐修剪，对各种土壤都能适应，在肥沃深厚排水良好的土壤中生长更佳。

【园林用途】

园林绿化中色块组合的重要树种，适宜在园林中作花篱或在园路角丛植、大型花坛镶边或剪成球形对称状配植，或点缀在岩石间、池畔（图 6-75）。

图 6-75 紫叶小檗园林用途

【繁殖方法】

1. 播种繁殖

（1）土壤准备。紫叶小檗在北方易结实，所以可用播种繁殖。在播种前深翻土壤30厘米，然后整地作床。紫叶小檗可采用高床育苗及高垄育苗，尤其是在容易引起土壤板结的壤土及黏土上更是如此。在砂壤土上可以采用低床、平床育苗。高床宽1～1.2米，高0.2～0.25米；高垄宽0.4米，高0.3米。在播种前的3～5天进行土壤消毒，选择晴朗的天气，用5%的多菌灵喷洒床面或垄面。

（2）种子处理。10月下旬采种，洗净果肉，放于通风干燥处晾干，立即秋播或低温沙藏处理至翌年3月下旬春播。

（3）播种要点。开深5厘米的播种沟，将种子均匀撒于沟内。播种量为每亩15千克。覆土厚度为3～5厘米较合适。覆土后镇压或踩实，灌一次透水。播种后20天即可出苗。

2. 扦插繁殖

（1）全光喷雾扦插。

① 插床准备。插床采用悬臂式全光自动喷雾装置（图6-76），建成直径13米、高50厘米的圆形插床，周边用砖与水泥砌成，基部1.5～2米留洞作排水孔，先在床底铺一层15～20厘米厚的大鹅卵石，上覆一层10厘米厚的小石子，表层铺20厘米厚纯净河沙。扦插前插床应灭菌，先用清水充分淋洗床面，再用高锰酸钾溶液喷淋。用量为每平方米2500～3000毫升。

图 6-76 悬臂式全光自动喷雾圆形插床

② 扦插。6月下旬在生长健壮的母树上，采集半木质化嫩枝作插穗。采穗最好随采、随处理、随扦插。将穗材剪成12～15厘米长，50根一捆，将基部2～3厘米浸入浓度100毫克/升的吲哚丁酸或ABT生根粉溶液中30～50分钟。于当天上午10时前和下午4时后扦插。插深2～3厘米，株行距2.5厘米×3厘米。插后轻按，随插随淋水，使插穗与插壤密切结合。

③ 管理。插后20天是生根关键时期，每次喷雾时间以臂杆旋转2周为宜；间歇时间：晴天上午10点至下午6点每隔2～3分钟喷1次，上午10点前和下午6点后每隔10分钟喷1次。20天后间歇时间不断增加，50天后间歇50分钟，阴天减少喷雾次数，夜间不喷。

插后 20 天至 9 月下旬，每 7 ～ 10 天喷施 1 次 0.2% 尿素和 0.3% 磷酸二氢钾混合液。插后每隔 10 天喷 1 次 500 倍多菌灵药液，根外施肥和喷药时间在傍晚停止喷雾后进行。

（2）露地扦插。

① 苗床准备。一般苗床宽 1 米，长 4 ～ 5 米，四周用砖砌 50 厘米高，周围留排水孔，下部垫 10 厘米厚的碎石子，上面是腐熟的腐叶土。用 50% 的多菌灵粉剂消毒，每 100 千克土施 5 克药剂。拌土后，覆盖塑料薄膜 3 ～ 5 天，能很好地杀死土壤中的多种病虫害。

② 插穗选择与扦插。方法同前全光喷雾扦插。

③ 插后管理。插后搭小拱棚（图 6-77），覆盖 40% ～ 80% 的遮光网。根据湿度及时喷水、放风，保证空气相对湿度在 80% 以上，温度 25℃ 左右，这样的环境条件能够使插条成活率达 90% 以上。

图 6-77　紫叶小檗露地小拱棚扦插

【栽培管理】

紫叶小檗的移植常在春季或秋季进行，可以裸根带宿土或蘸泥浆栽植，如能带土球移植更有利于恢复。栽植后灌透水，并进行强度修剪。小檗适应性强，长势强健，管理也很粗放，浇水应掌握见干见湿的原则，不干不浇。较耐旱，但长期干旱对其生长不利，高温干燥时，如能喷水降温增湿，对其生长发育大有好处。生长期间，每月应施一次 20% 的饼肥水等液肥。秋季落叶后，在根际周围开沟施腐熟有机肥。

六、锦带花

【科属】忍冬科、锦带花属

【产地分布】

原产于中国北部、东北以及朝鲜半岛。我国主要分布在东北、华北及江苏、浙江等地。

【形态特征】

落叶灌木，高达 1 ～ 3 米；幼枝稍四方形，有 2 列短柔毛；树皮灰色。叶矩圆形、椭圆形至倒卵状椭圆形，顶端渐尖，基部阔楔形至圆形，边缘有锯齿，具短柄至无柄。花单生或成聚伞花序生于侧生短枝的叶腋或枝顶；花冠紫红色或玫瑰红色（图 6-78），外面疏生短柔毛。花期 4 ～ 6 月。

图 6-78 锦带花形态特征

【生长习性】

喜光，耐阴，耐寒；对土壤要求不严，能耐瘠薄土壤，但以深厚、湿润而腐殖质丰富的土壤生长最好，怕水涝。萌芽力强，生长迅速。

【园林用途】

锦带花的花期正值春花凋零、夏花不多之际，花色艳丽而繁多，故为东北、华北地区重要的观花灌木之一，其枝叶茂密，花色艳丽，花期可长达两个多月，在园林应用上是华北地区主要的花灌木。适宜庭院墙隅、湖畔群植；也可在树丛林缘作篱笆、丛植配植；或点缀于假山、坡地（图 6-79）。锦带花对氯化氢抗性强，是良好的抗污染树种。

图 6-79 锦带花园林用途

【品种分类】

近百年来经杂交育种，选出百余种园艺类型和品种。

（1）美丽锦带花：花浅粉色，叶较小。

（2）白花锦带花：花近白色，有微香。

（3）变色锦带花：初开时白绿色，后变红色。

（4）花叶锦带花：株高2～3米。株丛紧密，株高1.5～2米，冠幅2～2.5米，叶缘乳黄色或白色，叶对生，长卵形，叶端渐尖。聚伞花序生于枝顶，萼筒绿色，花冠喇叭状，花色由白逐渐变为粉红色，由于花开放时间不同，有白、有红，使整个植株呈现两色花，在花叶衬托下，格外绚丽多彩。

（5）紫叶锦带花：叶带紫晕，花紫粉色等。

（6）毛叶锦带花：与锦带花近似，重要特点是，叶两面都有柔毛；花冠狭钟形，中部以下突然变细，外面有毛，玫瑰红或粉红色，喉部黄色；3～5朵着生于侧生小短枝上；开花较早（4～5月）。

（7）斑叶锦带花：叶有白斑。

（8）红王子锦带花：其植株较矮，株高1～2米，冠幅1.4米。嫩枝淡红色，老枝灰褐色。叶长椭圆形，整个生长季叶片为金黄色。夏初开花，花期4～10月，枝条开展成拱形。聚伞花序生于叶腋或枝顶，花冠漏斗状钟形，花朵密集，花冠胭脂红色。

【繁殖方法】

1. 播种繁殖

（1）采种。可于9～10月采收，采收后，将蒴果晾干、搓碎、风选去杂后密藏。千粒重0.3克，发芽率50%。

（2）种子处理（催芽）。播前用冷水浸种2～3小时，捞出放室内，用湿布包着催芽后播种，效果更好。

（3）播种。床面应整平、整细。可采用撒播或条播法，播种量5克/米^2，播后覆土厚度不能超过0.5厘米，上盖草，播后30天内保持床面湿润，20天左右出苗。

（4）苗期管理。苗木长出3～4片真叶时可进行1次间苗，并及时松土除草。苗木可于春、秋带宿土移栽，或夏季带土球移栽。当年苗高30～50厘米。1～2年生苗可出圃栽植。

2. 扦插育苗

锦带花的变异类型采用种子繁殖难以保持其优良性状，因此常采用扦插繁殖。在4月上旬，剪取1～2年生未萌动的枝条，剪成长10～12厘米的插穗，用萘乙酸2000毫克/升的溶液蘸插穗后插入露地沙质插床中，沙床底部最好垫上一层腐熟的马粪增加地温。建小拱棚覆膜、遮阳，地温要求在25～28℃，气温要求在20～25℃，棚内空气湿度要求在80%～90%，透光度要求在30%左右。50～60天即可生根，成活率在80%左右。

此外，还可用分株法和压条法繁殖。

3. 大苗培育

选择排水良好的砂质壤土作为育苗地，1～2年生苗木或扦插苗均可上垄栽植培育大苗，株距50～60厘米，栽植后离地面10～15厘米平茬，定植3年后苗高100厘米以上时，即可用于园林绿化。

【栽培管理】

生长季节注意浇水，春季萌动后，要逐步增加浇水量，经常保持土壤湿润。夏季高温干旱易使叶片发黄干缩和枝枯，要保持充足水分，每月要浇1至2次透水，以满足生长需求。

七、木绣球

【科属】忍冬科、荚蒾属

【产地分布】

南北各地都有栽植。

【形态特征】

落叶或半常绿灌木，高达 4 米；树皮灰褐色或灰白色。叶临冬至翌年春季逐渐落尽，纸质，卵形至椭圆形或卵状矩圆形，边缘有小齿。聚伞花序，全部由大型不孕花组成；花冠白色（图 6-80），雌蕊不育。花期 4 ～ 5 月。

图 6-80 木绣球形态特征

【生长习性】

喜阴湿，不耐寒，喜肥，喜湿润，对土壤要求不严，以湿润、肥沃、排水良好的壤土为宜，但适应性较强。萌芽、萌蘖力强。

【园林用途】

最宜孤植于草坪及空旷地，使其四面开展，体现个体美；也可群植，花开之时有白云翻滚之效，十分壮观。常栽于园路两侧或配置于庭院中（图 6-81）。

图 6-81 木绣球园林用途

【繁殖方法】

常采用扦插、压条、分株繁殖。扦插一般于秋季和早春进行。压条在春季芽萌动时进行，将去年枝压埋土中，次年春与母株分离移植。其变型琼花可播种繁殖，10 月采种，堆放后熟，洗净后置于 1 ～ 3℃低温下 30 天，露地播种，次年 6 月可发芽出土，搭棚遮阴，留床 1 年后分栽，用于绿化需培育 4 ～ 5 年。

【栽培管理】

木绣球移植宜在落叶后或萌芽前进行，需带宿土，较容易成活。木绣球主枝易萌发徒长枝，扰乱树形，花后可适当修剪，夏季剪去徒长枝先端，以调整株形。花后应施肥 1 次，以利于生长。

八、紫薇

【科属】千屈菜科、紫薇属

【产地分布】

原产于亚洲，我国广东、广西、四川、浙江、江苏、湖北、河南、河北、山东、安徽、陕西等均有生长或栽培。

【形态特征】

别名百日红、满堂红、痒痒树等。落叶灌木或小乔木，高可达7米；树皮平滑，灰色或灰褐色；枝干多扭曲，小枝纤细，具4棱。叶互生或有时对生，纸质，椭圆形、阔矩圆形或倒卵形。花淡红色或紫色、白色，常组成7～20厘米的顶生圆锥花序；花瓣皱缩（图6-82）。蒴果椭圆状球形或阔椭圆形。花期6～9月，果期9～12月。

图6-82　紫薇形态特征

【生长习性】

紫薇喜暖湿气候，喜光，略耐阴，喜肥，尤喜深厚肥沃的砂质壤土，耐干旱，忌涝，忌种在地下水位高的低湿地方。有一定的抗寒性，北京以南可露地越冬。还具有较强的抗污染能力，对二氧化硫、氟化氢及氯气的抗性较强。

【园林用途】

紫薇作为优秀的观花乔木，被广泛用于公园绿化、庭院绿化、道路绿化、街区城市绿化等。在实际应用中，栽植于建筑物前、院落内、池畔、河边、草坪旁及公园中小径两旁等均很相宜（图6-83），也是作盆景的好材料。

图6-83　紫薇园林用途

【繁殖方法】

1. 播种繁殖

11～12月收集成熟的种子，去掉果皮，将种子稍晾干，放入容器干藏。翌年3月播种，播前种子用4℃温水处理，至种子充分吸水。采用条播，行距30厘米，播后覆土以不见种子为度，上覆草。10余天发芽出土，及时揭草，待幼苗出现2对真叶时间苗；苗期勤除草，6～7月追施薄肥2～3次，入夏灌溉防旱，年终苗高约40～50厘米，生长健壮的当年可开花，宜及时剪除，翌春移栽。

2. 扦插繁殖

（1）硬枝扦插。3月中下旬至4月初选取粗壮的一年生枝条，剪成15厘米长的插穗，插入疏松、排水良好的砂壤土苗床中，扦插深度以露出插穗最上部一个芽为宜。插后灌透水，覆以塑料薄膜以保湿保温。苗株长成15～20厘米就可以将薄膜掀开，改成遮阳网，适时浇水。

（2）嫩枝扦插。7～8月选择半木质化的枝条，剪成8～10厘米长的插穗，上端留2～3片叶子。扦插深度为3～4厘米。插后灌透水，并搭荫棚遮阴，一般20天左右即可生根，适时浇水，成活率很好。

3. 分株繁殖

在3～4月初或秋天将植株根际萌发的分蘖苗带根掘出，适当修剪根系和枝条，另行栽植。小苗可以裸根，大苗应带土球，抚育中要经常修剪、整形，保持优美树形，促进花枝繁茂。

4. 压条繁殖

压条繁殖在紫薇的整个生长季节都可进行，以春季3～4月较好。采用空中压条法，参见第二章第四节的压条繁殖。

5. 嫁接繁殖

紫薇有几个变种，如银薇，花为白色；翠薇，花蓝紫色、淡紫色；红薇，花桃红色、深红色等，播种繁殖的后代会发生变异，嫁接繁殖可保持优良特性。有时为提高观赏效果需要在同一株树上嫁接几种不同花色品种，或需要培养高桩大苗时可用高接的方法（图6-84）。

紫薇嫁接一般在2月下旬至3月上旬进行，用劈接、切接、插皮接的方法（参见第二章第二节的嫁接繁殖）。砧木选用紫薇的实生苗，成活率可达98%以上。

图6-84　紫薇高桩嫁接大苗观赏效果

【栽培管理】

紫薇移植以3月至4月初为宜，裸根移植，起苗时保持根系完整。栽植前施足基肥，5～6月酌情追肥。栽植后浇足水，生长期每15～20天浇水1次，入冬前浇一次封冻水。

九、榆叶梅

【科属】蔷薇科、桃属

【产地分布】

产于黑龙江、吉林、辽宁、内蒙古、河北、山西、陕西、甘肃、山东、江西、江苏、浙江等省区。全国各地多数公园内均有栽植。

【形态特征】

落叶灌木，稀小乔木，高2～3米；枝条开展，叶片宽椭圆形至倒卵形，先端短渐尖，常3裂，叶边具粗锯齿或重锯齿。花1～2朵，先于叶开放，花瓣近圆形或宽倒卵形，粉红色（图6-85）。果实近球形，外被短柔毛。花期4～5月，果期5～7月。榆叶梅品种极为丰富，花瓣有单瓣、有重瓣，颜色有深、有浅，据调查，北京有40多个品种。

图6-85　榆叶梅形态特征

【生长习性】

喜光，稍耐阴，耐寒，能在-35℃下越冬。对土壤要求不严，以中性至微碱性而肥沃土壤为佳。根系发达，耐旱力强。不耐涝。抗病力强。生于低至中海拔的坡地或沟旁，乔、灌木林下或林缘。

【园林用途】

榆叶梅是早春优良的观花灌木，花形、花色均极美观，可孤植、丛植，广泛用于草坪、公园、庭院的绿化和美化，适宜在各类园林绿地中种植（图6-86）。

图6-86　榆叶梅园林用途

【品种分类】

（1）单瓣榆叶梅：开粉红色或粉白色花，单瓣；花朵小，花萼、花瓣均为5片，与野生榆叶梅相似，小枝呈红褐色。

（2）重瓣榆叶梅：开红褐色花，花朵大，重瓣，花朵多而密集，花萼10片以上，花萼和花梗均带有红晕。枝条皮多开裂。因其花朵大，故又称"大花榆叶梅"，是一种观赏价值较高的品种，但开花时间要比其他品种晚。

（3）半重瓣榆叶梅：粉红色花朵，半重瓣，花萼、花瓣均在10片以上。植株的小枝呈红褐色，园林、庭院中栽培比较广泛。

（4）弯枝榆叶梅：花朵小，密集生在枝上，花色呈玫瑰紫红，半重瓣或重瓣，花萼10片，其5片为三角形，5片为披针形。植株小枝呈紫红色，光滑，开花时间较其他品种早，花期长达10天左右。

（5）截叶榆叶梅：花粉色。截叶榆叶梅的特点是叶的前端呈阔截形，近似三角形，耐寒力强，我国东北地区多见栽培。

（6）紫叶大花重瓣榆叶梅：新品种，叶色紫红鲜艳，花重瓣，花多粉色。是大花重瓣榆叶梅的最新品种。

【繁殖方法】

榆叶梅的繁殖可以采取嫁接、播种、压条等方法，但以嫁接效果最好，只需培育二三年就可成株，开花结果。

1. 砧木选择与培养

可选用山桃、榆叶梅实生苗和杏作砧木，砧木一般要培养两年以上，基径在1.5厘米左右可进行高接。砧木用播种法培养。

（1）苗圃地整理。榆叶梅播种前要结合翻耕用5%辛硫磷颗粒剂或溶液与基肥混拌施入土中，一般每1000千克肥料可混入0.25千克的药剂，也可将硫酸亚铁粉碎后直接撒于土中，每亩用量10千克左右，然后耙平、作畦等待播种。

（2）种子处理。榆叶梅种子一般于8月中旬成熟，当果皮呈橙黄色或红黄色时，即可采收，然后将采回的果实取肉后晾干，经筛选后装入麻袋或通透的容器内，置于阴凉干燥通风处贮藏。

① 秋播。在播种前应用0.5%的高锰酸钾溶液浸种2～3小时，再用清水冲洗数次后播种，然后及时灌水越冬。

② 春播。将冬季贮藏保存的种子筛选提纯后，用40℃温水浸泡2～4天，取出后与1～2倍量湿砂混拌后堆积在室内或棚窖内催芽，每4～5天翻动1次，待40%的种子破壳萌动时，即可下种。

（3）播种。播种方法以条播最好，一般播种深度为2～3厘米，每亩播种量为7千克。播种时按30～60厘米行距开沟，沟深2～3厘米，再将种子按3～5厘米间隔，均匀撒布在沟内，然后覆土、镇压。

（4）田间管理。春播榆叶梅一般于5月下旬至6月上旬开始出苗，当幼苗基本出齐后，及时加强浇水和追肥管理，通常每间隔15～20天浇1次透水，每月追施化肥1～2次。当苗高达到20～25厘米时，可适当进行间苗，促使幼苗苗壮成长。

图6-87　榆叶梅高砧嫁接苗

2. 嫁接方法

（1）芽接。8月底到9月中旬用"T"形芽接，方法参见第二章第二节嫁接繁殖。

（2）枝接。春季枝接可用劈接、切接、腹接、插皮接等方法，参见第二章第二节的嫁接繁殖。枝接可培养观赏效果独特的高砧榆叶梅（图6-87）。

【栽培管理】

榆叶梅春秋两季均可带土球移植，为促进大苗移植后生长，可在移植前半年进行断根处理，这样有利于移植成活。榆叶梅喜湿润环境，但也较耐干旱。移栽后头一年还应特别注意水分的管理，在夏季要及时供给植株充足的水分，防止因缺水而导致苗木死亡。在进入正常管理后，要注意浇好三次水，即早春的返青水，仲春的生长水，初冬的封冻水。榆叶梅喜肥，定植时可施足底肥，以后每年春季花落后、夏季花芽分化期及入冬前各施一次肥。

十、紫丁香

【科属】木犀科、丁香属

【产地分布】

在中国，紫丁香的分布以秦岭为中心，北到黑龙江、吉林、辽宁、内蒙古、河北、山东、陕西、甘肃等地区，南到四川、云南和西藏等地区。

【形态特征】

落叶灌木或小乔木，高可达5米；树皮灰褐色或灰色。小枝较粗，疏生皮孔。叶片革质或厚纸质，卵圆形至肾形，宽常大于长，先端短凸尖至长渐尖或锐尖，基部心形、截形至近圆形，或宽楔形，上面深绿色，下面淡绿色。圆锥花序直立，近球形或长圆形；花冠紫色（图6-88）。果倒卵状椭圆形、卵形至长椭圆形。花期4～5月，果期6～10月。

图6-88　紫丁香形态特征

【生长习性】

喜光，稍耐阴，阴处或半阴处生长衰弱，开花稀少。喜温暖、湿润，有一定的耐寒性和较强的耐旱力。对土壤的要求不严，耐瘠薄，喜肥沃、排水良好的土壤，忌在低洼地种植，积水会引起病害，直至全株死亡。

【园林用途】

紫丁香属植物主要应用于园林观赏，已成为全世界园林中不可缺少的花木。可丛植于路边、草坪或向阳坡地，或与其他花木搭配栽植在林缘，也可在庭前、窗外孤植（图6-89），或将各种丁香穿插配植，布置成丁香专类园。丁香对二氧化硫及氟化氢等多种有毒气体，都有较强的抗性，故又是工矿区等绿化、美化的良好材料。

图6-89 紫丁香园林用途

【品种分类】

丁香全属约有27个种，中国拥有丁香属81%的野生种类（图6-90），是丁香属植物的现代分布中心。

图6-90 丁香属其他种类

【繁殖方法】

紫丁香的繁殖方法有播种、扦插、嫁接、压条和分株。

1. 播种繁殖

播种可于春、秋两季在室内盆播或露地畦播，北方以春播为佳。

（1）种子处理。播种前，用40℃的温水浸泡种子，然后将种子与湿沙混合，催芽，约10天后种子露白，即可播种。

（2）播种方法。3月下旬进行冷室盆播，温度维持在10～22℃，14～25天即可出苗，出苗率40%～90%，若露地春播，可于3月下旬至4月初进行。可开沟条播，覆土厚度1厘米左右，播后半个月即出苗。当出苗后长出4～5对叶片时，即要进行移栽或间苗。露地可间苗或移栽1～2次，株行距为15厘米×30厘米。

2. 扦插繁殖

扦插可于花后1个月进行，选当年生半木质化健壮枝条作插穗，插穗长15厘米左右，用50～100毫克/升的吲哚丁酸处理15～18小时，插后建棚用塑料薄膜覆盖，1个月后即可生根，生根率达80%～90%。扦插也可在秋、冬季取木质化枝条作插穗，一般于露地埋藏，翌春扦插。

3. 嫁接繁殖

嫁接可用芽接或枝接，砧木多用水蜡、女贞。

【栽培管理】

紫丁香一般在春季萌芽前裸根栽植，宜栽于土壤疏松而排水良好的向阳处，栽植时施足基肥，栽植后浇透水，缓苗期每10天浇水1次。以后灌溉可依地区不同而有别，华北地区，4～6月是丁香生长旺盛并开花的季节，每月要浇2～3次透水，7月以后进入雨季，则要注意排水防涝。到11月中旬入冬前要灌足水。紫丁香一般不施肥或少施，切忌施肥过多，否则会引起徒长，影响花芽形成。但在花后应施些磷、钾肥及氮肥。

十一、紫荆

【科属】豆科、紫荆属

【产地分布】

紫荆原产于中国，在湖北西部、辽宁南部、河北、陕西、河南、甘肃、广东、云南、四川等地都有分布。

【形态特征】

别名满条红、紫珠、箩筐树等。落叶灌木或小乔木，高2～5米；树皮和小枝灰白色。叶纸质，近圆形或三角状圆形，嫩叶绿色，叶柄略带紫色。花紫红色或粉红色，2～10余朵成束，簇生于老枝和主干上（图6-91），尤以主干上花束较多，越到上部幼嫩枝条则花越少，通常花先于叶开放，但嫩枝或幼株上的花则与叶同时开放。荚果扁狭长形，绿色，种子阔长圆形，黑褐色，光亮。花期3～4月；果期8～10月。

【生长习性】

性喜光照，有一定的耐寒性。喜肥沃、排水良好的土壤，不耐积水。萌蘖性强，耐修剪。

图 6-91 紫荆形态特征

【园林用途】

紫荆花朵漂亮，花量大，花色鲜艳，是春季重要的观赏灌木。适合绿地孤植、丛植，或与其他树木混植，也可作庭院树或行道树与常绿树配合种植。巨紫荆为乔木，胸径可达40厘米，高15米，具有生长快、干性好、株型丰满等特点，适合作行道树（图6-92和6-93）。

图 6-92 紫荆园林用途

图 6-93 巨紫荆行道树

【繁殖方法】

紫荆的繁殖常用播种、分株、压条、扦插等方法，对于优良品种，可用嫁接的方法繁殖。

1. 播种繁殖

（1）种子采收和处理。9月至10月收集成熟荚果，取出种子，埋于干沙中置阴凉处越冬。3月下旬到4月上旬播种，播前进行种子处理，这样才能做到苗齐苗壮。其具体做法为：用60℃温水浸泡种子，水凉后继续泡3～5天。每天需要换凉水一次，种子吸水膨胀后，放在15℃环境中催芽，每天用温水淋浇1～2次，待露白后播于苗床。

（2）播种方法。紫荆播种采用条播法，沟距20～25厘米，播种沟深2厘米，每亩播种量为4～5千克。播种后覆土厚约1厘米，播后苗床盖草，春播后约1个月发芽出土，当有60%的幼苗出土时，即可揭取苗床覆盖的草，揭草宜在阴天或晴天的傍晚进行。揭草后要立即搭荫棚。并适时除草、间苗。

2. 分株繁殖

紫荆根部易产生根蘖，可于秋季10月份或春季发芽前用利刀断其蘖苗和母株连接的侧根，然后另行栽植。秋季分株的应假植保护越冬，春季3月定植。一般第二年可开花。

3. 压条繁殖

生长季节都可进行，以春季3～4月较好，可用曲枝压条或空中压条法，具体操作参见第二章第四节的压条繁殖。有些枝条当年不生根，可继续埋压，第二年生根时，再与母株分离。

4. 嫁接繁殖

可用长势强健的普通紫荆、巨紫荆作砧木，但由于巨紫荆的耐寒性不强，故北方地区不宜使用。以加拿大红叶紫荆等优良品种的芽或枝作接穗，4～5月可用枝接的方法，7月可用芽接的方法进行，具体操作参见第二章第二节的嫁接繁殖。如果天气干旱，嫁接前1～2天应灌一次透水，以提高嫁接成活率。

在紫荆嫁接后3周左右应检查接穗是否成活，若不成活应及时进行补接。嫁接成活的植株要及时抹去砧木上萌发的枝芽，以免与接穗争夺养分，影响其正常生长。

【栽培管理】

紫荆移植应在春季萌芽前进行，移植前施足基肥，栽植后立即灌透水。紫荆耐旱，怕淹，但喜湿润环境，每年春季萌芽前至开花期间浇水2～3次，秋季切忌浇水过多，入冬前浇封冻水。紫荆喜肥，肥足则枝繁叶茂，花多色艳，缺肥则枝稀叶疏，花少色淡。应在定植时施足底肥，以腐熟的有机肥为好。正常管理后，每年花后施一次氮肥，促其长势旺盛，初秋施一次磷钾复合肥，利于花芽分化和新生枝条木质化后安全越冬。初冬结合浇冻水，施用牛马粪。植株生长不良可叶面喷施0.2%磷酸二氢钾溶液和0.5%尿素溶液。

十二、石榴

【科属】石榴科、石榴属

【产地分布】

石榴原产于伊朗、阿富汗等国家。中国南北各地除极寒地区外，均有栽培分布，主要在山东、江苏、浙江等地。

【形态特征】

别名安石榴、若榴、丹若等。落叶灌木或小乔木，在热带是常绿树。树冠丛状自然圆头形。生长强健，根际易生根蘗。树高可达 5～7 米，一般 3～4 米，但矮生石榴仅高约 1 米或更矮。树干呈灰褐色，上有瘤状突起，干多向左方扭转。树冠内分枝多，嫩枝有棱，多呈方形。小枝柔韧，不易折断。叶对生或簇生，呈长披针形至长圆形，或椭圆状披针形，表面有光泽。花两性，有钟状花和筒状花之别；花瓣倒卵形，花有单瓣、重瓣之分（图 6-94）。花多红色，也有白色和黄、粉红、玛瑙等色。子房下位，成熟后变成多室、多子的浆果，每室内有多数子粒；外种皮肉质，呈鲜红、淡红或白色，多汁，甜而带酸，为可食用的部分；内种皮为角质，也有退化变软的，即软籽石榴。果石榴花期 5～6 月，果期 9～10 月。花石榴花期 5～10 月。

图 6-94　石榴形态特征

【生长习性】

石榴性喜光、喜温暖的气候，有一定的耐寒能力，冬季休眠期 -17℃时发生冻害，建园应避开冬季最低温在 -16℃以下的地区。石榴较耐瘠薄和干旱，怕水涝，但生育季节需有充足的水分。喜湿润肥沃的石灰质土壤。

【园林用途】

重瓣的花多难结实，以观花为主；单瓣的花易结实，以观果为主。常孤植或丛植于庭院、游园之角，对植于门庭之出处，列植于小道、溪旁、坡地、建筑物之旁，也宜做成各种桩景观赏（图 6-95）。

图 6-95　石榴园林用途

【品种分类】

石榴为石榴科石榴属植物，作为栽培的只有一个种，即石榴。石榴经长期的人工栽培和驯化，已出现了许多变异类型，现有6个变种。

白石榴：花大，白色。

红石榴：又称四瓣石榴，花大、果也大。

重瓣石榴：花白色或粉红色。

月季石榴（四季石榴）：植株矮小，花小，果小。每年开花次数多，花期长，均以观赏为主。

墨石榴：枝细软，叶狭小，果紫黑色，味不佳，主要供盆栽观赏用。

彩花石榴（玛瑙石榴）：花杂色。

【繁殖方法】

石榴常用扦插、分株、压条方法繁殖，也可采用播种法繁殖。

1. 分株繁殖

春季萌芽前，选择优良品种的母树，将其树下的表土挖开，在暴露出的水平大根上，每隔10～20厘米刻伤，深达木质部，然后封土、灌水，即可促大量根蘗苗生长。在7～8月沿已萌发的根蘗苗，挖去表土，将母树与相连的根蘗苗切断，再行覆土、灌水，促进已脱离母株的根蘗苗多发新根，落叶后可挖出根蘗苗移栽。

2. 压条繁殖

春、秋季均可进行，不必刻伤，芽萌动前将根部分蘗枝压入土中，经夏季生根后割离母株，秋季即可成苗。露地栽培应选择光照充足、排水良好的场所。生长过程中，每月施肥1次。

3. 硬枝扦插

（1）苗圃地的准备。扦插苗圃应选择地块平整，土层深厚，土质肥沃，灌溉条件良好的壤土和砂壤土。

（2）插条的采集及贮存。插条采集应在上一年的秋季进行，从优良的成龄健壮单株上，剪取发育充实的1年生营养枝，按不同品种每50～100根捆成一捆，挂上标签。种条采集后，采用沟藏法贮存。沟藏地点应选在苗圃地附近排水良好的背阴处，挖宽1～1.5米，深1～1.2米的贮藏沟，长度根据种条数量而定。贮藏种条时，先在沟底铺一层湿沙，将种条一捆一捆平放入沟内，一层种条一层湿沙，沙子的湿度以能够握成团为宜。最上层种条距地面20～30厘米，最后覆土略高于地面。

（3）插条剪截与处理。春季取出种条，放置在清水中浸泡一昼夜，剪去干缩的部分，按3～4节剪成长15厘米的枝段，上端平剪，下端斜剪。50根捆成一捆，下端整齐一致备用。

插穗用50毫克/升的萘乙酸浸泡12小时，然后放在电热温床上催根，电热线的铺设方法、温湿度的调控参见第七章葡萄育苗。一般20～30天后插穗基部出愈伤组织或露出幼根，此时即可扦插。

（4）扦插。扦插宜在土层10～20厘米处的温度稳定高于10℃时进行。可采用畦插、垄插、营养袋扦插。

①畦插。整地作低畦,畦宽 1.2 米,浇一水,待半干时,铺膜。扦插时用小木棒,将地膜插破,插入插穗。一畦插 4 行,株距 10 ~ 15 厘米,插条斜插入土中,上芽露出地面,插后从薄膜孔内灌少量水,使插穗与土壤密接,然后用一把土盖住插穗。

②垄插。整地作高垄,垄宽 40 ~ 60 厘米,垄高 20 ~ 30 厘米,垄上部铺地膜,每垄插 2 行,株距 10 ~ 15 厘米,扦插方法同上。

③营养袋插。2 月底至 3 月上旬,在设施内进行营养袋扦插。袋直径 8 厘米,高度 18 厘米,将 3 份园土与 1 份腐熟的有机肥,过筛后混合均匀,并用 800 倍液多菌灵消毒后放入袋中。营养袋扦插前,袋内先浇一次透水,使袋内营养土充分吸水变软,便于扦插。扦插移栽深度以插条顶芽基部与袋内土面平齐为准。扦插后再喷洒一次水,以便插条与土密接。

④插后管理。若露地扦插,插后 10 天尽量不浇水,如墒情不足,只浇小水补墒。若为营养袋扦插,则插后每 1 ~ 3 天喷一次水,4 ~ 5 周后,每一周喷一次水。

待新梢长至 10 厘米时,留一个生长健壮的新梢,其余的萌蘖全部掰除。追施两次化肥,可进行叶面喷肥 1 ~ 2 次,8 月下旬后,控制肥水。

4. 绿枝扦插

(1)整地作畦。选择土质好,肥力高的土地作育苗地。育苗前先深翻,并结合施入土杂肥,一般每亩施 5000 ~ 10000 千克,耙匀整平,筑成高 15 ~ 20 厘米,宽 120 厘米的小畦,用 800 倍多菌灵进行全面消毒。

(2)插穗剪截和处理。选择生长健壮的半木质化的粗壮枝条,粗度在 0.8 ~ 1.5 厘米范围内。将枝条剪截成 15 ~ 20 厘米的枝段,上部只保留两片叶,其余叶片去掉。剪好后每 100 根捆成一捆,放入 500 毫克/升的吲哚丁酸中浸 1 ~ 2 分钟。

(3)扦插。插穗催根处理好后立即扦插。按 10 厘米 ×30 厘米的株行距将枝条斜插入土中,枝条入土 2/3,上端露出 1/3,插后立即浇水。

(4)插后管理。插后在畦以上 50 ~ 70 厘米处搭荫棚。插穗生根前,要保持土壤水分充足,另外,每隔一周用 800 ~ 1000 倍多菌灵消毒一次,用 0.2% ~ 0.5% 的尿素液进行叶面喷肥,插后一般 25 ~ 30 天插条即可生根发芽,此时可揭去荫棚。对成活枝条只保留一个壮芽,并酌情摘心和去副梢。

5. 播种繁殖

9 月采种,洗净、阴干后用湿沙层积处理或连果贮藏。翌年春季播种。干藏种子播前用温水浸泡 12 小时,或凉水浸泡 24 小时。点播或条播。覆土厚度约为种子的 3 倍,半个月左右出苗。

【栽培管理】

石榴一般在春季萌芽前移栽,栽植后立即灌透水,并保持土壤湿润。生长期如果不下雨,应每 20 天浇水 1 次,入冬前浇封冻水。一般秋末施有机肥,生长季于花前、花后、果实膨大期和花芽分化期及采果后进行追肥。

十三、贴梗海棠

【科属】蔷薇科、木瓜属
【产地分布】
产于我国,全国各地均有栽培。主要培育基地有江苏、浙江、安徽、湖南等地。

【形态特征】

落叶灌木，高达2米，具枝刺。叶片卵形至椭圆形，边缘具尖锐细锯齿，表面微光亮，深绿色。花2～6朵簇生于二年生枝上，叶前或与叶同时开放；花梗粗短，花瓣近圆形或倒卵形，猩红色或淡红色。梨果球形至卵形，芳香，果梗短或近于无（图6-96）。花期4月，果期10月。

图6-96　贴梗海棠形态特征

【生长习性】

喜光，有一定耐寒能力，北京小气候良好处可露地越冬；对土壤要求不严，但喜排水良好的肥厚壤土，不宜在低洼积水处栽植。

【园林用途】

贴梗海棠的花朵鲜润丰腴，是庭园中主要春季花木之一，既可在园林中单株栽植布置花境，亦可成行栽植作花篱，又可作盆栽观赏（图6-97），是理想的花果树桩盆景材料。

图6-97　贴梗海棠园林用途

【繁殖方法】

贴梗海棠的繁殖主要用分株、扦插和压条法，播种繁殖也可以。播种繁殖可获得大量整齐的苗木，但不易保持原有的品种特性。

1. 分株繁殖

贴梗海棠分蘖力较强，可在秋季或早春将母株掘出分割，分成每株2～3个枝干，栽后3年又可进行分株。一般在秋季分株后假植，以促进伤口愈合，翌年春天再定植，次年即可开花。

2. 嫩枝扦插

（1）扦插基质准备。扦插基质是贴梗海棠生根的关键。要选择排水通畅，能保持一定水分，通气性能较好，呈中性或微酸性的基质。常用河沙与泥炭等量混合作为基质。

（2）穗条采集。选取母株上当年生或一二年生的、生长健壮且无病虫害的半木质化枝条，要求粗度为0.8～1.2厘米，剪截长度为10～12厘米或带有2个节间。上切口平剪，下切口剪成马耳形，插条上部留1～2片叶片，以减少蒸腾，防止失水凋萎，剪后下端浸于清水中，上面用湿布盖住。

（3）扦插技术。扦插前，将插条放入50毫克/升的ABT 2号生根粉中浸泡3～4小时，或100毫克/升的吲哚丁酸中浸泡2～4小时后进行扦插。插穗较短的插入1/3，较长的插穗插入1/2，插后将基质压实，充分浇水。以后经常喷水，保持基质湿润。

（4）插条管理。苗床扦插后，设立荫棚遮阴，早晨盖上，傍晚揭开，防止阳光直接照射，注意经常喷水以保持较高的土壤湿度。若贴梗海棠发生锈病，可用20%的粉锈宁400倍液或用65%的代森锰锌600倍液进行叶面喷洒。

【栽培管理】

贴梗海棠的移栽常在冬、春两季进行，为了保证栽苗成活，栽后要浇水和培土保墒。苗木成活后，每年春季或秋季穴施腐熟的有机肥，生长季可追施磷、钾肥。施肥的基本原则是大树多施小树少施，一般按每年2～3次施肥。

第七章

藤本树种的育苗技术

一、猕猴桃

【科属】猕猴桃科、猕猴桃属

【产地分布】

全属 54 种以上，我国是优势主产区，有 52 种以上，集中产地是秦岭以南和横断山脉以东的大陆地区。

【形态特征】

落叶、半落叶至常绿藤本；新梢青褐色，密生灰棕或锈色茸毛，或被红褐色钢毛。叶为单叶，互生，膜质、纸质或革质，多数具长柄，有锯齿，很少近全缘。花白色、红色、黄色或绿色（图 7-1），雌雄异株，聚伞花序。果长圆形至圆形，浆果，果皮多棕褐色、黄绿色或青绿色，无毛或被柔软的茸毛，或被刺状硬毛。花期 4 月下旬至 5 月下旬，果期 9 ~ 10 月。

图 7-1 猕猴桃形态特征

【生长习性】

　　猕猴桃大多数种要求温暖湿润的气候，主要分布在北纬 18～34 度的广大地区，年平均气温在 11.3～16.9℃。猕猴桃喜土层深厚、肥沃疏松、保水排水良好、腐殖质含量高的砂质壤土。pH 值适宜范围在 5.5～7。多数猕猴桃种类喜漫射光，忌强光直射，自然光照强度以 40%～45% 为宜。猕猴桃是生理耐旱性弱的树种，它对土壤水分和空气湿度的要求比较严格。凡年降水量在 1000～1200 毫米、空气相对湿度在 75% 以上的地区，均能满足猕猴桃生长发育对水分的要求。猕猴桃还怕涝，排水不良时，会影响根的呼吸，时间长了可能导致根系组织腐烂，植株死亡。

【园林用途】

　　猕猴桃攀缘缠绕，叶形多变，花香飘溢，果实累累，可作庭院观赏、观光采摘长廊和垂直绿化材料（图 7-2）。

图 7-2　猕猴桃长廊

【品种分类】

1. 猕猴桃分类

　　猕猴桃属植物有 54 个种 21 个变种，中国分布有 52 个种。栽培品种较多，常用以下分类方法。

　　按来源分类：中华猕猴桃、美味猕猴桃、软枣猕猴桃、毛花猕猴桃、杂交品种。

　　按用途分类：鲜食品种、加工品种、观赏品种。

　　按果肉颜色分类：绿色品种、红色品种、黄色品种。

　　按性别分类：雌性品种、雄性品种。

2. 观赏品种

　　（1）江山娇：1 年开花约 5 次，一般每次花期 7～10 天，最长可达 20 天。花冠为玫瑰红色；果实平均重 30 克，可溶性固形物含量 14%～16%，维生素 C 含量 800 毫克/100 克；花果同存，既可观花，又可赏果，是观赏、食用兼备的好品种。

　　（2）满天星：生长健壮。叶片浓绿而具光泽；花瓣大，水红色；花丝纤细，浅红色；花药黄色，红黄相间，衬托得非常漂亮。它开花最早，落花最迟，花期长达 14 天。花枝短，一个花枝上有 60 朵花左右，开花时显得非常繁茂，是庭院垂直绿化的优良品种。

（3）超红：湖北省审定品种，它是以毛花猕猴桃为母本，中华猕猴桃为父本，从其杂交一代中选育的观花品种。树势强旺，花色艳丽，玫瑰红色，花冠大而芳香，花量大，花粉多，花期长，一年开花4次以上，从5月至8月相继开花。枝条蔓性强，可以根据园林用途进行多种造形。

（4）重瓣：花大而娇艳，花瓣多在10片以上，呈2～3轮排列，以淡水红色为主，也有红白相间的，大小花瓣相间的，有的花瓣微开，姿态特异。节间短，株型紧凑，且叶片较小，是盆栽的理想材料（图7-3）。

图7-3　猕猴桃观赏品种

【繁殖方法】

1. 播种育苗

（1）种子的采集和处理。采收充分成熟的果实，待其后熟变软后，用干净的纱布或布袋包好、捣碎，用清水将果实冲洗干净，取出种子，置通风处晾干贮藏。播种前要进行层积处理，否则不易发芽。具体方法是在播种前40～60天，将种子放入35℃温水中浸24小时后捞出，与2倍的湿沙混合，然后放入容器中，埋于背阴处。每隔1周检查、翻动1次，使其湿度均匀，透气良好。当有30%～50%的种子开始萌动露白时即可播种。

（2）圃地选择与苗床准备。苗圃地应选择土质疏松、排灌方便的砂质壤土，pH值5.5～7.0。整地作床时，深翻土壤20～30厘米，每亩施入底肥100千克，磷肥或优质有机肥5000千克，并用呋喃丹1千克、敌克松4千克撒入土中进行土壤消毒，拣去杂草碎石，作成宽105厘米的苗床，长度随地势而定，床土要细碎、平整。

（3）播种。4月上中旬，当地温达到15℃时进行播种，播前2天灌1次透水，将种子混在细沙中均匀地撒在苗床上，每亩播种量为1千克。取土用筛子筛在苗床上，覆土厚度为2～3毫米，以不见种子为宜，用稻草或塑料薄膜覆盖保墒，以保持土壤湿润、疏松，促进种子萌发出土。

（4）播后管理。播后 7 天左右种子可以伸出胚根，15 ～ 20 天可出苗。在此期间要保持土壤湿度，以清晨或下午浇水为宜，同时注意排水防涝。出苗后，需搭棚适当遮阳，并在阴天或傍晚揭开棚膜。出苗 50 天左右、长出 2 ～ 3 片真叶时进行间苗，长至 6 ～ 8 片真叶时定苗，并逐步除去遮阳物，通常每亩可成苗 3 万株。苗高 30 厘米时，进行第一次摘心，以后长出副梢后留 6 ～ 8 片叶进行多次摘心。同时，要及时剪除基部的萌蘖枝，以保证主干粗壮，嫁接部位光滑。追肥要少量多次，追肥前除净杂草，不可把肥料撒在幼苗叶片上，从 6 月中旬至8 月中旬追肥，每隔 10 天施肥 1 次，每亩施尿素 2 ～ 4 千克。

2. 嫁接繁殖

（1）接穗与砧木选择。落叶后至伤流期之前（一般在 12 月至翌年 4 月上旬）为最佳嫁接时期。接穗宜选用 1 年生健壮、无病虫害、有饱满芽的成熟主梢或副梢（一次副梢）枝条。砧木多用充实、健壮、基部直径达 0.6 ～ 1 厘米 的猕猴桃实生苗。将砧木挖出在室内嫁接，嫁接后按（10 ～ 15）厘米 ×（20 ～ 25）厘米的间距进行移栽，可提高嫁接苗的成活率。

（2）嫁接方法。猕猴桃嫁接育苗可用枝接和芽接的方法，枝接可用切接、劈接、舌接的方法，芽接可用"T"字形芽接和带木质部的嵌芽接法，具体操作参见第二章第二节嫁接育苗。

3. 扦插繁殖

（1）硬枝扦插。

① 插床准备。插床同上述实生育苗的自然苗床。其基质多选用疏松肥沃、通气透水的草炭土、蛭石或珍珠岩。蛭石和珍珠岩作基质时，一定要加 1/5 左右腐熟的有机肥，充分拌匀。基质常用 1% ～ 2% 的福尔马林溶液均匀喷洒后，覆盖塑料膜熏蒸 1 周，再打开膜，通风 1 周。

② 插穗准备。选择枝蔓粗壮、组织充实、芽饱满的一年生枝蔓，剪成 20 厘米左右的长段，上下一致捆成小把，如不立即扦插，则需两端封蜡，层积保存。方法为一层湿沙，一层插穗，沙子湿度以手握成团，松开即散为宜。长期保存时，注意每 1 ～ 2 周翻查湿度是否合适，有无霉烂情况。

③ 扦插。硬枝蔓扦插多在冬季到翌年 2 月末之间进行。取出插穗，插穗下端斜剪，用80 ～ 500 毫克 / 升的生长素处理，处理时间数分钟至 6 小时。中华和美味猕猴桃难生根，需用高浓度生长素，处理时间长一些；而毛花、狗枣、葛枣、软枣猕猴桃等易生根，处理浓度低，时间短。生长素处理后的插穗先在 21℃ 左右的温床中埋 3 周，诱导愈伤组织，然后再进行扦插。扦插时将插穗的 2/3 ～ 3/4 插入床土，留一个芽在外，直插、斜插均可。插距为 10 厘米 ×5 厘米，插后搭拱棚遮阳。其后管理同实生育苗。

（2）绿枝扦插。

① 插床准备。绿枝扦插的插床基本同硬枝蔓插床，但有二点不同，一要有充足的光照条件，二要有弥雾保温设备。光照为插穗的叶片提供光合能量，弥雾保湿可减少叶片的蒸腾作用，防止插穗干枯。

② 插穗准备。选用生长健壮、充实、无病虫害的木质化或半木质化新梢，随用随采。为了促进早生根，可用生长素类处理下部剪口。常用吲哚丁酸 100 ～ 500 毫克 / 升处理 0.5 ～ 3

小时；萘乙酸 200 ～ 500 毫克 / 升处理 3 小时。

③扦插。绿枝扦插方法同上述硬枝蔓扦插，要注意保湿，特别在前 2 ～ 3 周内，湿度的高低决定着扦插的成败。为了减少水分散失，可将叶片剪去 1/2 ～ 2/3，弥雾的次数及时间间隔以苗床表土不干、叶面湿而不滚水为度。大约 1 周喷 1 次杀菌剂，多种杀菌剂交替使用。插后约 3 ～ 4 周，根系形成。此后，逐步减少喷水次数，逐渐降低空气湿度。绿枝扦插苗生根后 1 ～ 2 周，约在插后 40 天，即可移栽。

（3）根插。猕猴桃的根插成功率比枝蔓插高，这是因为根产生不定芽和不定根的能力均较强。根插穗的粗度也可细至 0.2 厘米，插时不用蘸生根粉或生长素。根插的方法基本同枝插，插穗上端外露仅 0.1 ～ 0.2 厘米。根插一年四季均可进行，以冬末春初插效果较好。初春插后约一个月即可生根发芽，50 天左右抽生新梢。

（4）根、嫩梢结合插。此法为利用根插后，将插穗上萌发的多余的黄色嫩梢从基部掰下，蘸或不蘸生根粉，带叶扦插。因为根和黄色嫩梢都含有较高水平的生长素，对生根很有利，所以此方法的成功率很高。注意扦插后搭塑料小拱棚保湿。

【栽培管理】

猕猴桃的栽植时间以秋季 10 月下旬至春季 2 月下旬枝梢伤流期前较好。猕猴桃需肥量大，最好在秋季采果之后施基肥，每亩施有机肥 5000 千克，同时混合施入过磷酸钙 80 千克。生长季适当追肥，生长前期以氮肥为主，8 月以速效磷、钾肥为主。

猕猴桃枝叶茂密，根系分布浅，不抗旱也不抗涝，因此，猕猴桃园内需要有灌水和排水设备。对结果大树，以喷灌为宜。开花时期需要稍干燥的气候条件，以利于蜜蜂传粉，因此开花 7 ～ 10 天内不宜灌水，而应在开花之前灌足水，一般结合施肥进行。雨季应注意排水，秋季控制灌水，以免影响果实及枝蔓成熟。入冬之前需灌水 1 ～ 2 次。

二、紫藤

【科属】豆科、紫藤属

【产地分布】

原产于中国，朝鲜、日本亦有分布。中国华北地区多有分布，以河北、河南、山西、山东最为常见。南至广东，北至内蒙古均有栽培，普遍栽培于庭园中，以供观赏。

【形态特征】

落叶藤本。茎左旋，枝较粗壮，嫩枝被白色柔毛，后秃净。奇数羽状复叶，小叶 3 ～ 6 对，纸质，卵状椭圆形至卵状披针形。花为总状花序，在枝端或叶腋顶生，长达 20 ～ 50 厘米，下垂，花密集，蓝紫色至淡紫色等，有芳香。每个花序可着花 50 ～ 100 朵。花冠旗瓣圆形，花开后反折。荚果倒披针形，悬垂枝上不脱落（图 7-4）。花期 4 ～ 5 月，果期 5 ～ 8 月。

【生长习性】

紫藤为暖温带及温带植物，对气候和土壤的适应性强，较耐寒，能耐水湿及瘠薄土壤，喜光，较耐阴。以土层深厚、排水良好、向阳避风的地方栽培最适宜。主根深，侧根浅，不耐移栽。生长较快，寿命很长。缠绕能力强，对其他植物有绞杀作用。

图 7-4 紫藤形态特征

【园林用途】

紫藤是优良的观花藤本植物，一般应用于园林棚架，适栽于湖畔、池边、假山、石坊等处，具独特风格（图 7-5）。它对二氧化硫和氟化氢等有害气体有较强的抗性，对空气中的灰尘有吸附能力，有增氧、降温、减尘、减少噪音等作用。

图 7-5 紫藤园林用途

【品种分类】

1. 野生品种

（1）紫藤，花序长约20厘米，性强，香浓，常作砧木用。

（2）南京藤，花色淡紫而带蓝色，蓝紫花序很小，形矮，可作盆栽用。

（3）红藤，花紫红色，花序短小。

2. 栽培品种

（1）银藤。也叫白花紫藤，花白色，馥郁香气较浓，主蔓藤干多且较细瘦葱郁，抗寒性较差，是紫藤的变种，较罕见。

（2）一岁藤。有白紫两种，开花甚易，花色浓紫或雪白，花序长约33～34厘米，可盆栽。

（3）麝香藤。花白色，香最浓烈，开花尚易，多作盆栽。

（4）白玉藤。又称本白玉藤，色洁白，花大，花序短，为适供盆栽的小型品种。

（5）红玉藤。又称本红玉藤，色桃红，花大，花序长中等，为盆栽珍品。

（6）三尺藤。花序长达67厘米左右，呈青莲色，盆栽、地栽均可。

（7）台湾藤。枝叶细小，幼龄苗不易开花。

（8）野白玉藤。花初开紫红色，后变全白，只适用于地栽。

（9）多花紫藤。特点是花序长30～50厘米，花朵多而小，花冠淡青色，江南普遍栽培。

（10）重瓣紫藤。花重瓣，堇紫色。

3. 国外著名的紫藤品种

（1）本夏藤。盛夏开花，花白色或淡黄色，有淡淡幽香。

（2）美国藤。北美原产，初夏开花，花碧紫色，芳香馥郁。

（3）丰花紫藤。荷兰选育，全欧栽培，开花特丰，花序长而尖。

【繁殖方法】

紫藤繁殖容易，可用播种、扦插、压条、分株、嫁接等方法，但因实生苗培养所需时间长，所以应用最多的是扦插。

1. 播种繁殖

11月采收种子，去掉荚果皮，晒干装袋贮藏。播种繁殖是在3月进行。播前用热水浸种，待开水温度降至30℃左右时，捞出种子并在冷水中淘洗片刻，然后保湿堆放一昼夜后便可播种；或冬季将种子用湿沙贮藏（层积处理），播前用清水浸泡1～2天。

2. 扦插繁殖

（1）硬枝扦插。在3月中下旬枝条萌芽前，选取1～2年生的粗壮枝条，剪成15厘米左右长的插穗，插入事先准备好的苗床中，扦插深度为插穗长度的2/3。插后喷水，加强养护，保持苗床湿润，成活率很高，当年株高可达20～50厘米，两年后可出圃。

（2）根插。根插是利用紫藤根上容易产生不定芽的特性。3月中下旬挖取0.5～2.0厘米粗的根系，剪成10～12厘米长的插穗，插入苗床，扦插深度保持插穗的上切口与地面相平。其他管理措施同枝插。

【栽培管理】

紫藤是大藤本植物，为了使它生育良好，一般都设置一定的棚架进行栽培。由于紫藤寿命长，枝粗叶茂，制架材料必须坚实耐久。

紫藤直根性强，故移植时宜尽量多掘侧根，并带土坨。多于早春定植，定植后将粗枝分别系在架上，使其沿架攀缘。

紫藤的主根很深，所以有较强的耐旱能力，但是喜欢湿润的土壤，然而又不能让根泡在水里，否则会烂根。紫藤在一年中施2～3次复合肥就基本可以满足需要。

三、葡萄

【科属】葡萄科、葡萄属

【产地分布】

中国葡萄多分布在北纬30～43度之间，主产区为环渤海地区和西北地区，主要有辽宁、河北、山东、北京、新疆。

【形态特征】

落叶木质藤本。小枝圆柱形，有纵棱纹。卷须2叉分枝，与叶对生。叶卵圆形，显著3～5浅裂或中裂（图7-6），边缘有锯齿，齿深而粗大，不整齐，齿端急尖。叶上面绿色，下面浅绿色，无毛或被疏柔毛。圆锥花序密集或疏散，多花，花与叶对生；花蕾倒卵圆形，花瓣 5，呈帽状脱落。果实球形或椭圆形，有紫色、红色、黄绿色等，花期 4～5 月，果期 8～10 月。

图 7-6　葡萄形态特征

【生长习性】

对土壤的适应性较强，除了沼泽地和重盐碱地不适宜生长外，其余各类型土壤都能栽培，而以肥沃的砂壤土最为适宜。喜光，光照不足时，新梢生长细弱，产量低，品质差。喜温暖，在休眠期，欧亚品种成熟新梢的冬芽可忍受 -17～-16℃，多年生的老蔓在 -20℃时发生冻害。根系抗寒力较弱，-6℃时经 2 天左右被冻死，北方寒冷地区，需要埋土防寒。北方地区采用东北山葡萄或贝达葡萄作砧木，可提高根系抗寒力，减少冬季防寒埋土厚度。

【园林用途】

葡萄为藤本攀缘植物，树形随架势变化多样，可作庭院观赏、长廊、垂直绿化材料（图 7-7）。

图 7-7　葡萄园林用途

【繁殖方法】

1. 压条繁殖

一般用于少数扦插难生根的品种，还在果园缺株时补株用。葡萄压条多用生长季基部发出的新梢，常用曲枝压条，具体操作参见第二章第四节的压条繁殖。

2. 硬枝扦插繁殖

（1）促进插穗生根的措施。

① 药物处理。常用药物有：萘乙酸（NAA）、吲哚丁酸（IBA）、ABT 生根粉等，使用

浓度与处理时间相关，一般处理12～24小时，萘乙酸用50～100毫克/升，吲哚丁酸用25～100毫克/升。

② 加温处理。葡萄插条形成不定根的最适温度为25～28℃，为了促进先发根后发芽，可采用火炕、电热温床、阳畦、小拱棚等加温措施，使地温保持在25～28℃，以加速产生愈伤组织或幼根。一般进行15～20天即可出现愈伤组织和幼根。

电热温床的铺放：

a. 选用1000瓦地热线，其长度约为100米，在使用前检查是否通电。

b. 作3米×1.7米的畦，畦底铺一层草帘或麦草，上铺地膜，膜上打孔，以利渗水。

c. 地膜上布设地热线，地热线间距4～5厘米，且地热线分布均匀，无交叉重叠。

d. 地热线上铺放干净的粗河沙12厘米，铺平、洒水、保持温床湿度（图7-8）。

（2）催根方法。将药剂处理过的插条，按品种整齐地摆放于温床中，并用细沙灌满缝隙，覆沙高度以不超过插条顶芽为宜（图7-9），摆满后浇1次透水，并在温床四周及中间分别插入一根竹筒以便插放地温计，观察温床温度变化情况，随后可调节温度。

图7-8　电热温床的铺放

图7-9　葡萄插穗覆沙

通电前浇1次透水，使沙床含水量达60%～70%，即手握成团且指缝有水渗出。以后每2～3天浇1次水，避免沙床缺水、干旱。通电加温1周以内，将温床温度控制在18～20℃，维持一定的低温阶段。室内温度控制在7～8℃，防止顶芽过早萌发，棚内湿度控制在80%左右为宜。一周后，逐渐将温床温度升至25～28℃，并随时检查生根情况，80%以上插条出现愈伤组织，插条基部吸水膨胀，长出根原体后，逐渐降低温度，使新根适应外界环境后再进行扦插。根原始体突破皮层长至0.5厘米时进行扦插，扦插时将生根不理想的插条整理后重新放入温床继续进行催根。

（3）硬枝扦插方法。

① 苗床扦插。选背风向阳、地势平坦、排水良好、较肥沃的砂壤土或壤土地块，在扦插前5～6天深翻整地作畦，苗床宽100厘米左右，插4～5行，整好苗床后浇透水，覆膜，在膜上用木棒打孔扦插（用已经催根处理的插穗），见图7-10，一般株距15～20厘米，插后用一把土压严插穗周围。

② 营养袋（钵）扦插。快速育苗时，常常采用药剂+加温+营养袋进行扦插，1～2月在温室内进行。插穗先用药剂处理，再在电热温床上加热催根，插穗出愈伤组织或生根后，

插入营养袋中（图7-11）。4月带土移入大田，这样成活率高，且省去一年的育苗时间，可快速大量地繁殖葡萄苗木。

图7-10　露地硬枝扦插

图7-11　设施内营养袋硬枝扦插

3. 绿枝扦插繁殖

（1）**整地**。扦插前5～6天深翻整地，开沟作垄，垄宽40～50厘米，垄高5～10厘米，垄上覆膜，每垄插2行。或做成1米宽的平畦，畦土以含沙量50%以上为宜。最好设置自动喷雾装置。

（2）**插条准备**。结合夏季剪梢（一般在6～7月份）采集插穗，剪成长15厘米的枝段，插条上端距最上一芽2厘米处平剪；下端紧靠节下斜剪；并取掉插条下部叶片，只留顶端一片叶，将该叶片剪去一半（图7-12）。将插穗用25毫克/升的吲哚丁酸（IBA）溶液浸泡24小时，或用500毫克/升的该溶液浸蘸5～10秒后即可扦插。

图7-12　葡萄绿枝扦插及喷灌

（3）**扦插**。扦插在傍晚或清晨进行，每畦可插3～4行，株距10～20厘米。将插条与地面呈45°角斜插入土壤，也可直插，外面只留一个顶芽，插后用手将插条周围的土压实。

（4）**扦插后管理**。插后应立即灌水，以防止插条失水萎蔫，为了避免插条失水，应随采随插。为促进早日生根成活，还要辅助遮阴，最好搭成高、宽各1.5米的拱棚。晴天中午应进行适当喷水（图7-12），以增加棚内空气湿度。保持土壤含水量在20%～25%，经过

20～30天后，插条已经生根，顶端夏芽相继萌发，此时可撤掉遮阴物，使其充分接受阳光的照射。在正常苗期管理下，当年就可发育成一级苗木，供翌年春定植。

4. 绿枝嫁接繁殖

嫁接方法常用于以下几个方面：需用抗性砧木，更换品种，加速繁殖某一稀有品种。

（1）**抗性砧木的选择。**葡萄抗寒砧木包括山葡萄、贝达、5BB，SO_4等。

（2）**接穗的选择与处理。**选无病、粗细适中的健壮枝条作接穗，嫁接前20～30天摘除准备作接穗的枝条上的果，促使接穗营养生长。

（3）**嫁接的时间及应注意的事项。**一般嫁接的时间是从5月至6月底，宁早勿晚，晚接的苗抽生的枝不成熟，不能安全越冬。嫁接前2～3天苗圃浇一次水。在晴天上午9时以后，下午6时以前嫁接为好。雨天或露水太大时不宜嫁接。刀具要锋利，可用手术刀片。选用砧木苗的粗细与接穗枝的粗细要大致一样，均要半木质化（即茎的髓心发白）。采接穗后，立即去掉叶片用湿布包好，遮阴备用。接穗尽量随采随用，如果需要远距离采穗时，应用广口保温瓶贮运接穗，瓶内装冰块降温保湿，防止接穗失水。

（4）**绿枝嫁接方法。**葡萄绿枝嫁接多用劈接法，用锋利的手术刀片，操作步骤见图7-13。

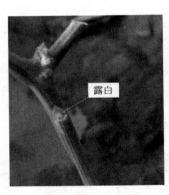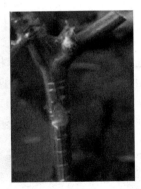

露白

(a) 削接穗　　　　　　(b) 砧木纵劈后插入接穗　　　　　　(c) 绑扎

图7-13　葡萄绿枝嫁接

（5）**嫁接后管理。**嫁接成活后接穗发芽生长，注意不要摘心过早，否则影响增粗。要使幼苗期苗木加粗生长，必须进行综合管理，合理密植，加强肥水管理，松土除草。晚秋摘心可促进苗木枝条及时成熟，对控制新梢徒长是有利的，有利于其安全越冬。

5. 硬枝嫁接快速育苗法

它是葡萄利用抗性砧木时的一种快速繁殖方法，即将接穗嫁接在砧木枝段上，在电热温床上促进生根和嫁接口愈合，然后扦插，可当年嫁接、当年出圃。

（1）**砧木枝段和接穗的选择、处理。**砧木枝段应选生长健壮、充实的枝条，粗度为0.5～1.0厘米。接穗选用品种纯正、生长健壮的一年生枝蔓，且要求芽体饱满、无病虫害。砧木枝段和接穗分别打捆，挂标签，入沟埋藏，埋藏的具体方法参见第二章第二节的嫁接育苗。春季嫁接前1天取出砧木枝段和接穗，用清水浸泡12～24小时。一般在露地栽植前50～60天进行嫁接。

（2）嫁接。用劈接法嫁接，砧木枝段剪截成15～20厘米长，上端平剪，下端斜剪，并要抹除所有砧木上的芽；接穗剪截成长5～10厘米，上端在芽上1厘米平剪，下端削成双斜面，斜面长度2～3厘米；砧木枝段上端纵切一刀，接穗插入砧木，对齐形成层（图7-14）。将嫁接好的砧穗在熔化的蜡液中速蘸一下，密封接穗与接口。将嫁接后的砧木下斜面对齐，10个一捆，在1000毫克/升的ABT 2号生根粉中速蘸一下，上床催根。

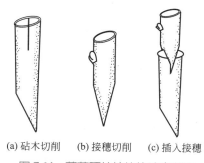

(a) 砧木切削　　(b) 接穗切削　　(c) 插入接穗

图 7-14　葡萄硬枝嫁接快速育苗法

（3）电热线铺设。铺双层电热线，第一层铺设见图7-8，第二层电热线与第一层垂直，且高出下层20厘米。在温床两侧各固定一块木板，横向铺设电热线，边铺边码嫁接好的砧穗捆，电热线铺设宽度根据砧穗捆粗度而定，嫁接口处于上层电热线之间，捆间灌入河沙，接穗露出顶端的芽子即可。上下电热线分别配置温控器，上层温度控制在28～29℃，下层控制在24～25℃，经过20多天，嫁接口愈合，砧木出现根原体或幼根，即可停止加温，锻炼几天后移入温室苗床。

（4）温室内容器苗培育。温室内作苗床，宽1～1.5米，深30厘米。将2份河沙、3份草炭土（或稻田土、园土）混匀后装入营养袋，基质与袋口相平。将营养袋整齐码放在苗床内，先灌水，后在营养袋内插生根的砧穗。以后要注意控制苗床湿度和温室温度，加强肥水管理，以促进苗木生长，待苗木长到15厘米高时，开始逐渐通风透光，控水、炼苗。待苗木达到4叶1心时移植入大田。

【栽培管理】

葡萄移栽主要在春季，裸根栽植，栽植前施足基肥，栽后灌透水。

葡萄基肥在果实采摘后土壤封冻前施入效果为好，以有机肥和磷钾肥为主，根据树势配施一定量的氮肥。基肥施入量应随树龄增大而增加，幼龄树每株施农家肥30～50千克，初结果施50～100千克，成龄果树施100～130千克。

葡萄一年追肥3～4次，萌芽前追施氮肥；在开花前追施氮肥并配施一定量的磷肥和钾肥；开花后，当果实如绿豆粒大小的时候，追施氮肥；在果实着色的初期，可适当追施少量的氮肥并配合磷、钾肥，以改善果实的内外品质。每次施肥结合灌水。

四、木香

【科属】蔷薇科、蔷薇属

【产地分布】

原产于中国西南地区及秦岭、大巴山。

【形态特征】

别名木香花、木香藤、锦棚花。常绿或半常绿攀缘小灌木，高可达6米；小枝圆柱形，无毛，有短小皮刺；老枝上的皮刺较大，坚硬，经栽培后有时枝条无刺。小叶3～5枚，稀7枚，椭圆状卵形或长圆披针形，先端急尖或稍钝，基部近圆形或宽楔形，边缘有紧贴细锯齿。花小、多朵成伞形花序，花直径1.5～2.5厘米；花瓣重瓣至半重瓣，白色或黄色（图7-15），倒卵形，先端圆，基部楔形。花期4～5月。

图7-15　木香形态特征

【生长习性】

喜温暖湿润和阳光充足的环境，耐寒冷和半阴，怕涝。地栽可植于向阳、无积水处，对土壤要求不严，但在疏松肥沃、排水良好的土壤中生长好。

【园林用途】

木香花是中国传统花卉，在园林上可攀缘于棚架、墙垣或花篱，也可孤植于草坪、路边、林缘坡地（图7-16）。

图7-16　木香园林用途

【繁殖方法】

木香花繁殖可采用扦插、播种或压条法。

（1）扦插。在春季萌芽前后用硬枝或开花前后用半硬枝进行扦插，都很容易成活。

（2）压条。多采用高空压条的方法。在生长季节选取健壮的枝条，在节处下端刻伤，用塑料薄膜围成袋装，里面填满基质，浇水后将袋口扎紧，保持土壤湿润，有很高的成活率。

（3）播种。对于一些优良品种，可用蔷薇或单瓣木香作砧木，进行嫁接，芽接、劈接均可。具体操作参见第二章第二节的嫁接育苗。

【栽培管理】

木香移植在秋季落叶后或春季芽萌动前进行，移植前先对枝蔓进行强修剪，裸根或带宿土移植，大苗宜带土球移植。北方秋季移栽需注意保护越冬。木香花对土壤要求不严，但在疏松肥沃、排水良好的土壤生长较好，喜湿润，避免积水；春季萌芽后施1～2次复合肥，以促进花大味香，入冬后在根部周围开沟施腐熟有机肥，并浇透水。

五、凌霄

【科属】紫葳科、凌霄属

【产地分布】

产于长江流域各地，以及河北、山东、河南、福建、广东、广西、陕西。

【形态特征】

落叶攀缘藤本；茎木质，表皮脱落，枯褐色，以气生根攀附于它物之上。叶对生，为奇数羽状复叶；小叶7～9枚，卵形至卵状披针形，顶端尾状渐尖，基部阔楔形，两侧不等大，边缘有粗锯齿。顶生疏散的短圆锥花序，花萼钟状，分裂至中部，裂片披针形。花冠内面鲜红色，外面橙黄色，裂片半圆形（图7-17）。蒴果顶端钝。花期5～8月。

图7-17　凌霄形态特征

【生长习性】

喜充足阳光，也耐半阴。适应性较强，耐寒、耐旱、耐瘠薄、耐盐碱，病虫害较少，但不适宜栽植在暴晒或无阳光条件下。以排水良好、疏松的中性土壤为宜，忌酸性土。凌霄要求土壤肥沃的砂土，但是不喜欢大肥，否则影响开花。

【园林用途】

干枝扭曲多姿，翠叶团团如盖，花大色艳，花期甚长，为庭园中棚架、花门之良好绿化材料。适宜用于攀缘墙垣、枯树、石壁，或点缀于假山间隙（图7-18）。厚萼凌霄，具气生根，长达10米，更具独特的观赏价值（图7-19）。

【繁殖方法】

主要用扦插、压条繁殖，也可采用分株或播种繁殖。

图 7-18　凌霄园林用途

图 7-19　厚萼凌霄（长长的气生根）

1. 扦插繁殖

可在春季或雨季进行，北京地区适宜在 7～8 月扦插。截取较坚实粗壮的枝条，每段长 10～16 厘米，扦插于沙床中，上面用薄膜覆盖，以保持足够的温度和湿度。一般温度在 23～28℃，插后 20 天即可生根，到翌年春即可移入大田，行距 60 厘米、株距 30～40 厘米。南方温暖地区，可在春天将头年的新枝剪下，直接插入地边，即可生根成活。

2. 压条繁殖

在 7 月间将粗壮的藤蔓拉到地表，分段用土堆埋，露出芽头，保持土壤湿润，50 天左右即可生根，生根后剪下移栽。南方亦可在春天压条。

3. 分株繁殖

宜在早春进行，将母株附近由根芽生出的小苗挖出栽种。

【栽培管理】

凌霄移栽可在春、秋两季进行，带宿土，远距离运输应蘸泥浆，并保湿包装。大苗应带土球移植。栽植前在穴内施足有机肥，栽后应设立支架，使枝条攀缘而上，栽植后连浇 3～4 次透水。发芽后应加强肥水管理，一般每月喷 1～2 次叶面肥。

栽植成活后，每年开花之前施一些复合肥，并进行适当灌溉，使植株生长旺盛、开花茂密。一般冬季休眠前施基肥。

六、爬山虎

【科属】葡萄科、地锦属

【产地分布】

我国河南、辽宁、河北、山西、陕西、山东、江苏、安徽、浙江、江西、湖南、湖北、广西、广东、四川、贵州、云南、福建都有分布。

【形态特征】

爬山虎属多年生大型落叶木质藤本植物，其形态与野葡萄藤相似。藤茎可长达 18 米。枝条粗壮，老枝灰褐色，幼枝紫红色。枝上有卷须，卷须短，多分枝，卷须顶端及尖端有黏性吸盘，遇到物体便吸附在上面。叶互生，边缘有粗锯齿，变异很大。花枝上的叶宽卵形，常 3 裂；下部枝上的叶分裂成 3 小叶；幼枝上的叶较小，常不分裂。叶绿色，秋季变为鲜红色。夏季开花，花小，成簇不显，黄绿色，与叶对生。花多为两性，雌雄同株。浆果小球形，熟时蓝黑色，被白粉（图 7-20）。花期 6 月，果期 9～10 月。

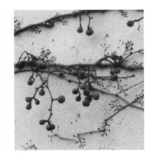

图 7-20 爬山虎形态特征

【生长习性】

爬山虎适应性强，性喜阴湿环境，但不怕强光，耐寒，耐旱，耐贫瘠，气候适应性广泛，在暖温带以南冬季也可以保持半常绿或常绿状态。耐修剪，怕积水，对土壤要求不严，阴湿环境或向阳处，均能苗壮生长，但在阴湿、肥沃的土壤中生长最佳。它对二氧化硫和氯化氢等有害气体有较强的抗性，对空气中的灰尘有吸附能力。

【园林用途】

爬山虎夏季枝叶茂密，常攀缘在墙壁或岩石上，适配植于宅院墙壁、围墙、庭园入口、桥头等处。可用于绿化房屋墙壁、公园山石，既可美化环境，又能降温，调节空气，减少噪音，是垂直绿化的优选植物（图 7-21）。

图 7-21 爬山虎园林用途

【繁殖方法】

爬山虎可采用播种法、扦插法及压条法繁殖。

1. 播种法

采收后的种子搓去果皮果肉，洗净晒干后可放在湿沙中低温贮藏一冬，保温、保湿有利于催芽，次年早春3月上中旬即可露地播种，覆盖薄膜，5月上旬即可出苗，培养1～2年即可出圃。

2. 扦插法

可在夏、秋季用嫩枝带叶扦插，遮阴浇水养护，能很快抽生新枝，扦插成活率较高，应用广泛。硬枝扦插于3～4月进行，将硬枝剪成10～15厘米一段插入土中，浇足透水，保持湿润，很快便可抽蔓成活。

3. 压条法

可采用波浪状压条法，在雨季阴湿无云的天气进行，成活率高，秋季即可分离移栽，次年定植。

【栽培管理】

爬山虎移植或定植在落叶期进行，定植前施入有机肥料作为基肥，并剪去过长茎蔓，浇足水，容易成活。可种植在阴面和阳面，寒冷地区多种植在向阳地带。

爬山虎幼苗生长一年后即可粗放管理，在北方冬季能忍耐-20℃的低温，不需要防寒保护。一年生苗株高可达1米。

七、常春藤

【科属】五加科、常春藤属

【产地分布】

分布地区广，北自甘肃东南部、陕西南部、河南、山东，南至广东、江西、福建，西自西藏波密，东至江苏、浙江的广大区域内均有生长。

【形态特征】

常绿攀缘灌木。茎长3～20米，灰棕色或黑棕色，有气生根；一年生枝疏生锈色鳞片。叶片革质，营养枝上通常为三角状卵形或三角状长圆形，先端短渐尖，基部截形，稀心形，边缘全缘或3裂，花枝上的叶片通常为椭圆状卵形至椭圆状披针形。伞形花序单个顶生，或2～7个总状排列或伞房状排列成圆锥花序，有花5～40朵；花淡黄白色或淡绿白色，芳香；花瓣5枚，三角状卵形。果实球形，红色或黄色（图7-22）。花期9～11月，果期次年3～5月。

图7-22 常春藤形态特征

【生长习性】

阴性藤本植物，也能生长在全光照的环境中，在温暖湿润的气候条件下生长良好，不耐寒。对土壤要求不严，喜湿润、疏松、肥沃的土壤，不耐盐碱。

【园林用途】

常攀缘于树木、林下路旁、岩石和房屋墙壁上，是良好的攀缘绿化植物（图7-23）。

图 7-23　常春藤园林用途

【繁殖方法】

常春藤的茎蔓容易生根，通常采用扦插繁殖，一般以春季4～5月和秋季8～9月扦插为宜，在温室栽培条件下，全年均可扦插。

扦插时选用疏松、通气、排水良好的砂质土作基质。春季硬枝扦插，从植株上剪取木质化的健壮枝条，截成15～20厘米长的插条，上端留2～3片叶。扦插后保持土壤湿润，置于侧方遮阴条件下，很快就可以生根。秋季嫩枝扦插，则是选用半木质化的嫩枝，截成15～20厘米长、含3～4节带气根的插条。扦插后进行遮阴，并经常保持土壤湿润，一般插后20～30天即可生根成活。

除扦插外，也可以进行压条繁殖。将茎蔓埋入土中，或用石块将茎蔓压在潮湿的土面上，待其节部生长出新根后，按3～5节一段截断，促进叶腋发出新的茎蔓。再经过30天培养，即可移栽。

【栽培管理】

常春藤在枝蔓停止生长期均可进行栽植，但以春末夏初萌芽前栽植最好。常春藤栽培管理简单粗放，但需栽植在土壤湿润、空气流通之处，南方多地栽于园林的蔽荫处。定植后需加以修剪，促进分枝，令其自然匍匐在地面上或假山上。

附表 1

常见花木播种量与产苗量

树种	100 米² 播种量 / 千克	100 米² 产苗量 / 株	播种方法
油松	10 ～ 12.5	10000 ～ 15000	高床或低床条播
侧柏	1.5	2000 ～ 5000	高床或低床条播、垄播
银杏	9.0 ～ 10.5	1500 ～ 2000	低床条播或点播
小叶黄杨	4.0 ～ 5.0	5000 ～ 8000	低床撒播
榆叶梅	1.5	1200 ～ 1500	高垄或低床条播
国槐	1.0 ～ 1.5	1200 ～ 1500	高垄条播
合欢	0.5 ～ 1.0	1000 ～ 1200	高垄条播
元宝槭	2.5 ～ 3.0	1200 ～ 1500	高垄条播
山桃	10 ～ 12.5	1200 ～ 1500	高垄或低床条播
山杏	10 ～ 12.5	1200 ～ 1500	高垄或低床条播
海棠	1.5 ～ 2.0	1500 ～ 2000	高垄或低床条播
山定子	0.5 ～ 1.0	1500 ～ 2000	高垄或低床条播
贴梗海棠	1.5 ～ 2.0	1200 ～ 1500	高垄或低床条播
紫藤	5.0 ～ 7.5	1200 ～ 1500	高垄或低床条播
紫荆	0.5 ～ 1.0	1200 ～ 1500	高垄或低床条播
紫薇	1.5 ～ 2.0	1500 ～ 2000	高垄或低床条播
小叶女贞	2.5 ～ 3.0	1500 ～ 2000	高垄或低床条播
紫丁香	2.0 ～ 2.5	1500 ～ 2500	高垄或低床条播
连翘	1.0 ～ 2.5	2500 ～ 3000	高垄或低床条播
锦带花	0.5 ～ 1.0	2500 ～ 3000	高床条播或撒播

附表 2

常见花木的常用砧木及砧木繁殖方法

接穗名称	常用砧木	砧木繁殖方法
西府海棠	山定子、湖北海棠	播种
月季花	野蔷薇	播种、扦插
牡丹	单瓣牡丹、芍药	分株、扦插
梅花	毛桃、果梅、杏	播种
桂花	女贞、白蜡	播种
碧桃	毛桃、山桃	播种
广玉兰	玉兰、紫玉兰、厚朴	播种、扦插
紫丁香	女贞、水蜡	播种
龙爪槐	国槐	播种
樱花	青肤樱	播种、扦插
山茶	油茶、金心茶	播种、扦插
中华金叶榆	白榆	播种
榆叶梅	山桃、榆叶梅、杏	播种
紫薇	紫薇	播种
紫叶李	山桃、山杏、毛桃	播种
紫荆	紫荆、巨紫荆	播种

附表 3

常见花木繁殖方法

树种	繁殖方法
毛白杨	分株、扦插、嫁接
垂柳	扦插、嫁接
榆树	播种，也可分株、扦插
中华金叶榆	嫁接、扦插
银杏	播种、嫁接、扦插
黄栌	主要为播种
紫叶李	嫁接，也可扦插
红叶石楠	扦插为主
连翘	扦插、压条、分株
西府海棠	播种、嫁接
玉兰	播种、扦插
广玉兰	嫁接
碧桃	嫁接
樱花	播种、嫁接、扦插
毛泡桐	播种，也可根插
合欢	播种
七叶树	播种，也可扦插
柿子	嫁接
紫薇	播种，也可扦插、压条、分株、嫁接
榆叶梅	嫁接、播种、压条
紫丁香	播种、扦插、嫁接

续表

树种	繁殖方法
紫荆	播种、分株、扦插、压条，也可嫁接
石榴	播种、扦插、分株、嫁接、压条
夹竹桃	扦插容易生根
木槿	扦插，也可分株
贴梗海棠	扦插，也可播种、压条和分株
红花檵木	播种、扦插、嫁接
杜鹃花	扦插、播种、嫁接
牡丹	播种、分株、嫁接、压条
月季花	扦插、嫁接
山茶	扦插、嫁接、压条
桂花	扦插、压条、嫁接
迎春	扦插、分株、压条
三角梅	扦插为主
木绣球	扦插、播种
锦带花	播种、扦插
瑞香	扦插，也可压条
紫藤	扦插、播种、压条、分株、嫁接
木香	扦插、压条、播种
猕猴桃	播种、扦插、嫁接
葡萄	扦插、嫁接、压条
油松	播种，也可扦插
雪松	播种，也可扦插
侧柏	播种
圆柏	播种
榕树	扦插、压条
椰子	播种
棕榈	播种
龙爪槐	嫁接
大叶黄杨	扦插，也可嫁接、压条
小叶黄杨	扦插，也可播种
小叶女贞	播种，也可扦插、分株
紫叶小檗	扦插、播种

参考文献

[1] 丁彦芬，田如男.园林苗圃学.南京：东南大学出版社，2003.

[2] 史玉群.全光照喷雾嫩枝扦插育苗技术.北京：中国林业出版社，2001.

[3] 陈耀华.园林苗圃与花圃.北京：中国林业出版社，2002.

[4] 郑进，孙丹萍.园林植物病虫害防治.北京：中国科学技术出版社，2003.

[5] 曹克强.果树病虫害防治.北京：金盾出版社，2009.

[6] 朱天辉，孙绪良.园林植物病虫害防治.北京：中国农业出版社，2007.

[7] 韩召军.园艺昆虫学.北京：中国农业大学出版社，2001.

[8] 王蒂.植物组织培养.北京：中国农业出版社，2004.

[9] 曹春英.植物组织培养.北京：中国农业出版社，2007.

[10] 刘青林，马祎.花卉组织培养.北京：中国农业出版社，2004.

[11] 王玉英，高新一.植物组织培养技术手册.北京：金盾出版社，2006.

[12] 郭世荣.无土栽培学.北京：中国农业出版社，2002.

[13] 张文庆.家庭花卉无土栽培500问.北京：中国农业出版社，2001.

[14] 邢禹贤.新编无土栽培原理与技术.北京：中国农业出版社，2002.

[15] 邹志荣.园艺设施学.北京：中国农业出版社，2002.

[16] 张福墁.设施园艺学.北京：中国农业出版社，2001.

[17] 苏金乐.园林苗圃学.北京：中国农业出版社，2006.

[18] 郭玉生.中原地区主要树种育苗技术.北京：中国林业出版社，2006.

[19] 陈志远，等.常用绿化树种苗木繁育技术.北京：金盾出版社，2010.

[20] 徐晔春，等.观赏乔木.北京：中国电力出版社，2010.

[21] 郑志新，金亚征，刘社平.园林植物育苗.北京：化学工业出版社，2010.

[22] 史玉群.绿枝扦插快速育苗实用技术.北京：金盾出版社，2008.

[23] 高新一，王玉英.林木嫁接技术图解.北京：金盾出版社，2009.

[24] 叶要妹.160种园林绿化苗木繁育技术.北京：化学工业出版社，2011.